非洲市場研究系列 **03**

非洲台商群英錄

Outstanding Taiwan Entrepreneurs in Africa

陳德昇 著

序言

　　這本實錄匯集了非洲臺商，以及從事推廣臺非經貿協會負責人的訪談輯要和評論。其內容多引用當事人的觀點和原話，可作為對非洲市場研究和投資之參考。此外，作者與十一位臺商的深度訪談（In-depth interview），和運用 Google Meet 交流對話，既有經驗分享，亦有評估意見，期能更全面認識非洲臺商，在異鄉打拚和奮鬥的真貌。

　　「為非洲臺商寫歷史」，是系列臺商深度訪談後的感悟和體認，個人亦認為是有意義和具使命感的工作。一方面，在經歷三、四十年的全球臺商奮鬥史中，非洲臺商是較少被提及的族群，但他們在他鄉奮鬥與辛酸的故事，以及從事公益與在地共生不落人後的事蹟，值得引介與分享。另一方面，當前處於臺商世代交替和全球地緣政治（geopolitics）劇烈變動的時期，必須做全球布局、市場鏈結超前部署，同時也要對在地社會、文化和人民，做更友善的互動和關懷。期許這本書能成為了解非洲臺商和市場的新起點。

　　這篇菁英訪談錄完成，必須感謝僑務委員會和童振源委員長的鼓勵，以及教育部「標竿計畫」的支持。謝孟辰、杜宛諭、林志宇的編輯、校對功不可沒。此外，對印刻出版社的協助亦再表感謝。

陳德昇

2022 年 5 月 23 日

目錄

（依姓氏筆劃排序）

圖 1-1：幾內亞開辦初期吳董事長與其母親合照

圖 1-2：參訪瑪吉斯輪胎賽車場

圖 1-3：幾內亞吳董事長與母親、當地員工

圖 1-4：吳董事長與母親拜訪 Onitcha 市場經銷商

圖 1-5：奈及利亞瑪吉斯大樓落成祭拜儀式

圖 1-6：吳董事長母親與奈及利亞 Nnewi 機車胎經銷商

圖 1-7：吳董事長母親在 Lagos 與旅居奈國友人生活照

圖 1-8：吳董事長偕同母親參加中華民國駐奈國代表處國慶活動

圖 1-9：吳董事長全家於奈及利亞臺灣商會留影

圖 1-10：吳董事長與其員工在工廠合照

圖 1-11：吳董事長與母親、當地員工工廠

圖 1-12：吳董事長家人與陳淑芳會長（前排左二）餐敘

圖 1-13：吳董事長時任「非總」總會長於世界臺商總會，與臺灣非
洲經貿協會孫杰夫理事長簽署合作備忘錄

圖 1-14：非洲臺灣商會聯合總會成員

圖 1-15：「非總」總會長率領訪問團回國，於總統府與蔡英文
　　　　總統合影

圖 1-16：贈送物資至非洲，實踐公益不落人後

圖 2-1：年輕時代周會長和迦納三軍總司令（Lieutenant General Arnold Quainoo）

圖 2-2：會長夫人和 Jerry Rawlings 總統夫人（左）、三軍總司令夫人

圖 2-3：在會長家中宴請經濟部楊天晞前主任和迦納總理

圖 2-4：在家中宴請林義夫前部長和三軍總司令仇儷

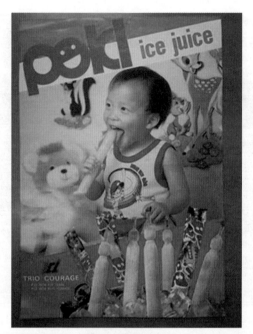

圖 2-5：四十年前迦納銷售 Poki 冰棒海報

圖 2-6：迦納前總統 Jerry Rawlings 頒發獎章，表彰其貢獻

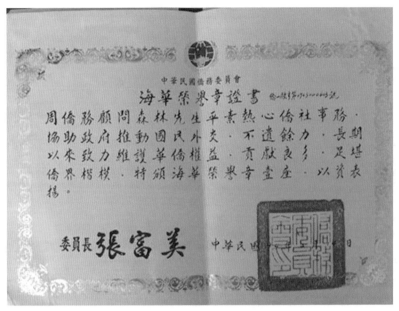

圖 2-7：僑委會頒海華章表彰周會長貢獻

圖 2-8：周會長陪同政府官員拜會迦納經貿官員

圖 2-9：現任迦納總統納納‧阿庫福 - 阿多（Nana Akufo-Addo）會見
　　　　（翻拍自電視）

圖 2-10：與周會長伉儷一同參與臺灣非洲經貿協會活動

圖 2-11：與周會長相談甚歡

圖 2-12：周會長與研究非洲青年學生合影

圖 3-1：施會長與當地農民合影

圖 3-2：募集二手衣物的臺灣貨櫃運抵馬拉威

圖 3-3：募集二手衣物活動濟助馬拉威孩童

圖 3-4：濟助馬拉威當地婦孺

圖 3-5：當地議員的感謝信函

圖 3-6：施會長與馬國國會議員

圖 3-7：委員長童振源頒發海華榮譽章予施鴻森

圖 3-8：回臺銷售咖啡商品圖

圖 4-1：孫杰夫理事長（第一排左 4 ）率團赴奈及利亞、史瓦帝尼、
南非參加貿洽會

圖 4-2：受邀出席臺灣中油查德礦區奧瑞油田第一船 OPIC 原油抵
臺典禮

圖 4-3：致贈水晶琉璃獎座，給索馬利蘭共和國駐臺灣代
　　　　表處穆姆德代表

圖 4-4：內政部頒發 110 年度全國性社會團體公益貢獻獎
　　　　表揚

圖 4-5：送愛到史瓦帝尼貨櫃捐贈儀式

圖 4-6：臺灣非洲經貿協會（TABA）舉辦之臺非農業合作論壇與駐
臺貴賓級講者合影

圖 4-7：臺灣非洲經貿協會（TABA）與中國輸出入銀行（EXIMBANK）
　　　　合辦之非洲崛起～金融支援暨投資稅務研討會

圖 4-8：赴僑委會童委員長頒贈功在非洲獎牌受贈典禮

圖 5-1：孫耀亨擔任局長時與當地警消同仁合影，戴白色帽子者為
　　　　時任約堡馬夏巴市長

圖 5-2：2021 年 7 月南非大規模暴亂砸搶，查視受損工廠

圖 5-3：局長參與社區夜間巡邏

圖 5-4：陪同企業向約堡當地老人院捐贈生活物資

圖 5-5：與南非朋友聚會照

圖 5-6：探訪貧民區的幼兒園

圖 5-7：贈送慈濟援助物資給當地民眾

圖 5-8：贈送慈濟援助物資給當地民眾

圖 5-9：贈送慈濟援助物資給當地民眾

圖 5-10：與約堡市政警察騎警隊合照

圖 5-11：公共安全局斥資採購高性能市警警車

圖 5-12：現任環境基建局長與市政官員巡視並取締非法垃圾傾倒場

圖 5-13：時任公共安全局長接收一批新採購救護車，
與救護員同事合照

圖 5-14：在新加坡與約堡市警 Deputy Director
Richard Witte 參加國際刑警峰會

圖 5-15：新加坡 Civil Defence, Commissioner Eric Yap 陪同參觀
　　　　　新加坡監控中心

圖 5-16：參與社區夜間巡邏

圖 6-1：陳阡蕙會長擔任南非國會議員時期，為南非歷史上第一位
　　　　進入國會的華人

圖 6-2：陳會長在南非開普敦分公司的辦公室

圖 6-3：陳會長在南非經營公司有成，圖為 TOP INTERNATIONAL
　　　　GROUP 辦公室

圖 6-4：陳會長積極參與南部非洲弱勢兒童關懷行動

圖 6-5：陳會長夫婦陪同非洲幼童參加宴會

圖 6-6：陳會長與慧禮法師

圖 6-7：陳會長於民國 110 年國慶大會上代表僑胞致詞

圖 6-8：非洲臺灣商會聯合總會回國訪問

圖 6-9：非洲臺灣商會聯合總會與總統會見

圖 6-10：陳會長與南非前總統納爾遜‧曼德拉（Nelson Mandela）

圖 6-11：陳會長會見前總統李登輝

圖 6-12：陳會長夫婦與前總統馬英九合照

圖 7-1：陳秀銀董事長在賴索托的工廠大門

圖 7-2：紡織廠內裁布的工作景象

圖 7-3：賴索托工廠內的工作景象

圖 7-4：陳董親自指導紡織廠操作

圖 7-5：陳董指導紡織廠當地基層員工

圖 7-6：陳董與當地居民合照

圖 7-7：陳董積極參與志工活動，協助修建當地小學

圖 7-8：賴索托當地孩童照

圖 7-9：陳董熱心捐助賴索托當地孤兒院，供應食物

圖 7-10：陳董與當地孩童合照

圖 7-11：陳董捐助當地孤兒院，受到肯定

圖 7-12：訪談陳董後，一同合影紀念

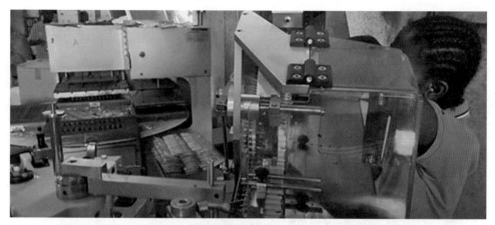

圖 8-1：陳淑芳會長經營之「三秒膠」工廠作業圖

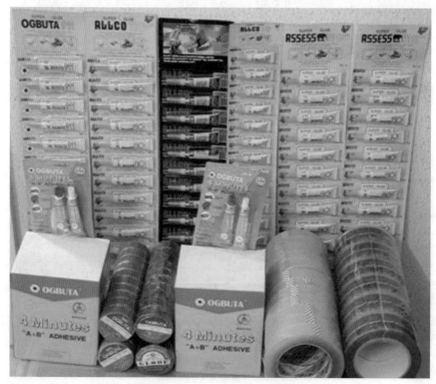

圖 8-2：「三秒膠」產品

圖 8-3：陳會長與其先生捐贈給家鄉的教堂

圖 8-4：陳會長在家鄉會見年輕人，聆聽他們的期望

圖 8-5：陳會長利用樹枝樹葉教小孩心算

圖 8-6：會長與當地婦女打成一片

圖 8-7：陳會長教導當地婦女如何安排年度的婦女大會

圖 8-8：2019 年 12 月接任第三屆奈及利亞臺灣商會會長

圖 8-9：臺灣駐奈國楊代表文昇和陳會長拜訪老人院捐贈食品

圖 8-10：帶領奈及利亞臺商會會員參加奈國最大的慈善活動

圖 8-11：會長與波蘭友人參加外籍配偶婦女協會活動

圖 8-12：陳會長與其先生的「王位」

圖 8-13：陳會長家人為其慶生

圖 8-14：陳會長全家幸福和樂

圖 9-1：黃華民理事長於 2010 年參加北非貿訪團，在摩洛哥
Casablanca 會場上與當地廠商討論可能的生意

圖 9-2：2010 年參加北非貿訪團，訪問埃及開羅的代理商

圖 9-3：2011 年參加非洲拓銷團，在喀麥隆 Douala 會場上與當地
　　　　醫學院教授討論醫學教材使用

圖 9-4：2011 年參加非洲拓銷團，在奈及利亞 Lagos 會場上與當地
　　　　廠商討論可能的生意

圖 9-5：2011 年參加非洲拓銷團，在南非約翰尼斯堡會場上與當地
　　　　廠商討論可能的生意

圖 9-6：2017 年參加在杜拜舉行的 Arab Health 展會，杏醫公司攤
　　　　位現場

圖 9-7：2018 年與兒子 Allen 前往迦納 Accra，和當地代理商討論
業務

圖 9-8：作者（右）與黃理事長（左）合影

圖 10-1：楊文裕會長（右）青年時在廠房內的瀟灑模樣

圖 10-2：楊會長麵包廠出貨情形

圖 10-3：法國麵包出爐

圖 10-4：西非婦人在街邊販售法國麵包

圖 10-5：楊會長赴剛果原始森林探尋可可

圖 10-6：楊會長與採集之原生可可

圖 10-7：作者與楊會長訪談過程

圖 10-8：作者、學生與楊會長暨夫人和大女兒合影（右三位）

圖 11-1：葉處長與現任巴西總統 Jair Bolsonaro 和其子合影

圖 11-2：葉處長與前國際刑事法庭檢察官 Richard Goldstone 合影

圖 11-3：出席 2017 年非洲日酒會

圖 11-4：來臺參與國際爵士音樂節的莫三比克爵士樂隊成員受邀至
　　　　松山慈祐宮

圖 11-5：莫三比克爵士樂隊於大安森林公園演出

圖 11-6：莫三比克樂隊接受電臺訪問

圖 11-7：榮獲時任莫三比克財政部長，現任總理 H.E. Maliane 頒發
最佳表現獎

圖 11-8：非洲國家集團各國大使與代表合影，包含南非、尼日、布
吉納法索、史瓦帝尼、莫三比克，以及非洲駐臺經貿聯合
辦事處（Africa Taiwan Economic Forum, ATEF）林主任

吳孟宗：母親領航創商機，榮任會長具遠見

　　奈及利亞臺商吳孟宗董事長，在人口近兩億的非洲大國奈及利亞經營瑪吉斯（MAXXIS）輪胎有成。吳董曾擔任奈及利亞兩任臺商會長和「非洲臺商會聯合總會」（簡稱「非總」或 ATCC）兩任總會長（2020-2021），獲得會員認同和肯定。尤其是吳會長為人謙和、市場實務歷練豐富、市場具敏銳觀察力、工作參與的熱情與積極、對年輕世代的關懷，以及熱愛臺灣鄉土之情，皆令人折服和敬佩。

圖 1：奈及利亞在非洲大陸地理位置圖（深色圖示）

奈及利亞聯邦共和國（Federal Republic of Nigeria）

獨立時間	1960 年 10 月 1 日
首都	阿布加（Abuja）
地理區位	位於西非，幾內亞灣西岸頂點，鄰國包括西邊的貝南，北邊的尼日，東北方與查德接壤一小段國界，正東則是喀麥隆
官方語言	英語為官方語言，奈國全境約有三百餘種方言，主要三大部族豪薩（Hausa）、尤魯巴（Yoruba）及伊博（Igbo）各有其族裔語言。
面積	面積 92.3 萬平方公里
體制	聯邦共和國，並有聯邦參眾議院／總統制（任期 4 年）

元首	布哈里（Muhammadu Buhari）
國會	奈國國會由參議院（109 席）及眾議院（36 席）所組成。
幣制	奈拉（Naira, NGN）
GDP	11,160 億美元（2021）
Per GDP	5,280 美元（2021）
人口／結構	2 億 614 萬人（2020）
民族	奈及利亞擁有 250 多個民族，但最有影響的是豪薩 - 富拉尼（近八千萬人）、約魯巴（近四千萬人）、伊博（兩千萬人）三大部族。
宗教	基督教 44.21% 伊斯蘭教 52.61% 傳統宗教約 3%
時差	較臺灣慢 7 個小時。
主要輸出項目	石油、天然氣、石油煉製品、可可、橡膠、芝麻、蝦蟹等海產
主要輸入項目	機器設備、化學製品、車、汽車零組件、工業產品、食物、資訊設備、活動物

資料來源：外交部全球資訊網、經濟部國貿局、IMF

　　吳孟宗董事長的非洲投資經驗，故事要從他母親吳柯丰雪說起。吳董由於父親早逝，桃園成功工商畢業，服完兵役後，即隨母親學習商業技能。吳董在臺灣無論是金屬拉鍊所需的銅、鋁材料，或是貿易實務，皆多方歷練，相關產品經銷歐美、中東與非洲市場。從吳董的訪談中特別能感受到他對母親的學習和感念之情。他表示：

　　「我母親是我這一生最景仰的人，從小到大她辛苦把我們三兄弟拉拔長大，孩子們能夠有點成就，都要感謝她的努力堅持與勤奮不解的教誨。母親與過往臺商前往非洲到一個定點就落地深耕不太一樣，她比較像一位開拓者，走進很多非洲國家，而且她不僅僅只是路過，而是真的進入且深入了解這個國家，詳細評估每個國家的發展，就連像馬利這種大眾都陌生的小國她也去。」

「雖然母親沒讀過什麼書，但她眼光很敏銳且心態相當正面。她很強調重用當地人，我們在布吉納法索設有據點，也是因為 2005 年時她老人家先去當地設立公司，而我就像她的執行長一樣，跟著母親的腳步去進行商業運營的規畫安排，所以她不僅僅是家族的領航者，更是為我們整個企業的開疆闢土奠下基礎的先驅。」

「母親語言能力並沒有那麼強，但她很勤奮聰明，譬如要去布吉納法索、馬利、幾內亞，她就會從她認識的人或公司裡面去找會講法語的人跟著她一起去，然後在當地再積極聘僱一些會講土語或其他外語的人一起工作，培育當地人才。當有需要之時，就會再請他們跟著她前往下個國家，這也是善用當地人才的一個方式，這樣的模式相當務實，我們也都是一直朝著這個做法前進。」

投入奈及利亞市場亦與吳董母親有關。吳柯丰雪女士即使年逾五十歲，但仍具開創性格，相中奈及利亞市場潛力，並在當地從事服飾、手提包配件生意。隨著奈及利亞經濟起飛，汽車的使用增加，丰雪集團接到客戶購買「二手胎」的需求。儘管二手胎出口奈及利亞獲利績效不彰，但吳孟宗認為新品市場更有機會。於是便與正新輪胎合作，以瑪吉斯（MAXXIS）打入市場。吳董事長分析他在奈及利亞輪胎市場發展歷程，也選擇多角化經營。他說：

「時代在變，任何一個產業都在承受不一樣的衝擊，如果沒有隨著時代潮流去做一個調整，那就會脫離主流經營的價值跟觀念，可能沒辦法引領你的產業在市場上成為一個領導品牌。我們公司在奈及利亞當地是非常知名的輪胎業，我們是正新輪胎的合作夥伴，特別是西非，我們打敗了 Michelin（米其林）、Bridgestone（普利司通）、Continental（德國馬牌）、Hankook（韓泰）、Pirelli（倍耐力）、Goodyear（固特異）、Yokohama（橫

濱橡膠）、Dunlop（登祿普），我們公司營業額超越了其他八家的總和。」

「我們的概念是做品牌，在經營方面，採用我們在非洲經驗規畫出來的行銷辦法，所有同仁一起經年累月攜手共創品牌價值。MAXXIS 是國際品牌。在臺灣大家都比較知道 Asus、Acer、HTC，其實臺灣這麼多年在國際上走的都是代工的方向，但我覺得國人可以到一些第三世界國家開創品牌，雖然品牌這條路剛開始的時候或許很艱辛，但是當你走出來以後，便可以創造不一樣的價值。」

「一個實實在在的例子，非洲人的消費跟先進國家的消費不一樣，如何定位好價格跟產品的合適性，都是品牌經營者需要相對用心的地方。其實，在非洲不只有汽車輪胎，汽機車的零配件的消費也很驚人，像是 Honda、YAMAHA 都有在非洲設廠，臺灣光陽、三陽的確也有機會，但是為什麼臺灣人這麼少到非洲發展呢？第一可能因為臺灣人事業經營比較偏代工的方向；第二是因為我們是島國文化，所以在做大陸型國家的市場時，比較不熟悉，因此像是進入中國大陸就會比較不適應。雖然都賺大錢，但後期的經營就會出現瓶頸，大陸型國家的運營是比較不一樣的，完全要靠制度。」

「我們公司在奈及利亞、迦納、象牙海岸、幾內亞、馬利、布吉納法索、多哥，總部在臺灣，主要是做汽車配件、公共營建工程，我們也開發工業園區，規畫設立不同產業的製造工廠進行多角化經營。」

建立健全的管理制度、信任建構和企業文化，是企業經營的重要環節。吳董表示：

「雖然整體非洲國家很人治，相當講究人際關係，但是公司在非洲當地的商業營運還是須依靠制度的運營才能健全制度、穩定發展。我們臺灣人比較友善，可是大陸型國家就必須靠制度了，因為你用關係的話，不能

把系統架構好，反而會產生困擾而出現落差。市場很大的時候沒有辦法用人治，必須要完全制度化，制度運作的過程中，獲取平衡與確保管理，只有制度才能夠落實。」

「我們在奈及利亞當地有百餘位經銷商分布全國，其中有很多一年內都很難得見面講句話，因此就是靠制度來落實管理。另外，在非洲的通路跟現在歐美、臺灣這些成熟國家是完全不一樣的，還是屬於比較傳統，像是我們三十幾年前的時代，臺灣四、五十歲，有經過經驗洗禮的這些骨幹到非洲去發展，他們的工作經驗值是非常好用的。」

「非洲的通路比較保守，是因為非洲人比較欠缺信賴，無論是人民對國家也好，或是非洲國與國之間，非洲社會整個的信賴是缺乏的，這對非洲來說是一個困境，如果可以突破這一點，你的生意就可以在非洲做得如魚得水。」

「很多經銷商說我們公司的帳務比銀行的帳還要清楚，藉由公司的企業文化來創造經銷商對你的信任，讓經銷商無後顧之憂，可以完全的信賴你，在這樣的情況下，在當地做生意就變得非常簡單。」

團隊通路與品牌亦是企業經營重要元素。此外，性價比和實用性亦重要。吳董事長說明在非洲市場的經驗和理解：

「對於團隊、通路體系的建立，讓經銷商和團隊對你產生正面的看法是非常重要的，一個品牌必須正面才有價值，一個品牌要讓經銷商覺得可以之為榮，願意去為品牌付出，如果一個品牌能夠走到這個階段，基本上就非常好。」

「我講一個實例，LG 在韓國並不是最大，但是在非洲賣得非常好，因為它貼近市場，雖然品牌形象不一定是最好，但它讓消費者認同，覺得 LG 是非常適合非洲人來使用的，也就是性價比，雖然 MAXXIS 是一個國

際知名品牌，但我提供合適非洲市場的產品，這個非常重要，就像我們的輪胎一樣，瑪吉斯有很多很多的款式跟品質，如何挑選適合非洲人使用的就很重要，合適性以確保他們的認同感，並產生市場價值，這樣子相輔相成才可達到永續經營。另外非洲還是比較保守的，且對新興科技抱有較大疑慮，現在網銀已經很普遍了，但是我們的經銷商裡面有三分之二還是不想用網銀，他們營業額也很大，一個月有幾千萬的營業額，但他們還是選擇用匯款。」

非洲經濟「去工業化」問題嚴重，「一帶一路」政策亦深化去工業化作為，具掠奪性。吳董事長在當地觀察表示：

「非洲被去工業化的很嚴重，以前的美國、英國、法國、日本、臺灣及香港崛起時，並沒有造成非洲去工業化這麼嚴重，但中國的崛起卻對非洲的『去工業化』有了很深遠的影響，所謂的『去工業化』，是指你只要進口你需要的東西就好了，比如像是鋼鐵、水泥、磚塊，包括你想要建一條高速公路、一條橋，都由我自己的營建單位來建，所以非洲沒有辦法形成自己的生產製造體系，對中國的依賴越來越深，就也沒有辦法去改變它貧窮落後的面貌，這是非洲一個非常嚴重的問題。」

「這幾年的『一帶一路』引起某些國家反彈，它不僅讓非洲去工業化更嚴重，更可以說控制整個非洲，只要把石油給中國，開發建設跟工程都由中國來負責，但工程也要付錢，沒有錢的話，沒有關係，中國借錢給他，但借的金錢要有一個償還計畫，有鋁礦就給鋁礦，有鐵砂礦、石油那就給鐵砂礦和石油。從西元 2000 年開始，這二十年已經逐漸成為常態，這是種掠奪式經濟，早期英國、美國也是這樣，但中國比以前更全面，因為除了用國家的力量以外，他們還用國與民，也就是他用國家借助商人的力量去掠奪國家的資源。」

「掠奪式經營，比如說象牙海岸的可可都是法國政府在收購，幾乎被法國壟斷，壟斷後並不是用國家的名義，而是以公司的名義，後來因為這個原因爆發了內戰，現在對於這個事情總是有個價值的改觀，價格收購不像以前那麼低廉，雖然壓榨的行為還是存在，但是已經好很多了，以前所謂的掠奪性的方式已經少了。」

「安哥拉比較不一樣，安哥拉是最近崛起的，以前內戰不斷，在英法比利時殖民的時候，安哥拉是葡萄牙殖民講葡萄語，在解放以後，國內戰爭安定之後，中國的手伸得非常深，那邊的房子大樓還有設備、公共設施、道路有百分之九十都是中國人建的。安哥拉是全球第九大的石油輸出國，但安哥拉卻負債累累，這是因為安哥拉在挖到石油之後，中國便快速向他們釋出善意，他們跟中國借了相當多的外債，所以安哥拉的石油大部分都要還給中國，造成他連國家預算都不夠。以前石油的價格落在一百多塊錢的時候，安哥拉的財政是沒有問題的，但現在石油只剩 40 塊，他的國家預算就不夠。安哥拉是全球第八大、第九大產油國，但是現況卻民不聊生，這是目前安哥拉在國家治理上很痛苦的一個地方。」

「這就是很典型的一個中國對他的控制。那邊有工程的話，有成千上萬的中國工人在那邊做工，他們用自己中國的人來建設，並沒有提高當地的就業機會，沒有形成製造業的產業鏈，也沒有形成一個良性的內部市場循環，全部是一個外部的經營，依賴得越深，掏空得越嚴重，也就是為什麼這次的『一帶一路』在非洲沒有引起大家的共鳴。通常非洲國家政府都沒有一個未來的計畫，但是世界在轉變，每位領導者上臺了還是希望能夠有所建設，只是不知道要怎麼建設，所以中國就來了，非洲國家想要錢，中國政府可以協助，但是因為非洲國家收益普遍不佳造成負債累累。」

強調市場運作利己與商業思維，做好自身的事業為優先，待基礎穩固

之後，NGO 與公益的事就容易發揮作用了。吳董指出：

「我一直強調一個觀念，特別是在第三世界國家，你要做出一番於公於私、相對應比較好的價值出來，一定要先利己，也就是你要先賺錢，企業有商業經營價值後，才可以創造就業機會，賺了錢才能照顧好員工提供更好的福利待遇，這就是一個食物鏈，可以幫助大家的生活環境提升，賺錢之後就可以做很多的事。包括您說的 NGO『愛‧女孩』也好，或者是鑿水井也好，坦白來說講得都很美好，其實做出來之後起的連漪很小，要如何廣泛做得到呢？其實是有很多辦法的。」

「我個人比較傾向如果臺灣要在非洲布局的話，首先應該考慮的是要做出可以利己的事，而不是單純去付出，如果只是付出的話，我們沒有辦法跟中國比，他們會馬上把我們比下去，因為比錢比不過他，比任何東西都比不過他。但是在某一方面是可以切割出來跟他有所比較的。臺灣企業可以到非洲布局、賺錢，可以創造就業機會，也可以茁壯自己的實力，成為有影響力的人。很多人說大同做得不好，大同如果去非洲做白色家電早就翻天了，有一天我在非洲開車，就想怎麼會有這麼大的甘蔗田，但我們自己都非常保守不願意走出去，如果像臺糖這些國營單位單純以付出的心態走出去，那一點意義都沒有，它必須要有完全的商業化，以商業的概念走出去，到非洲的任何一個角落，它覺得合適的地方去投資生產、去創造機會，茁壯它的實力。」

「我也是一個很支持 NGO 工作的人，但是我一直覺得 NGO 應該要更成熟，而不是應該靠某一部分的人去做，它應該架構在比較大型的，比如說世界臺商總會，它有全世界臺商的力量，每一年在某地點，那個地方那些國家所有臺商的力量集結的協助，能夠產生的意義，也就是所謂的協力才會更大，才會有普遍性，才不會太小，太小就真的不容易，做不到效果。南非的『阿彌陀佛關懷中心』做得很好，但可能因為宗教的型態，它沒辦

法太普及，它曾經想在奈及利亞發展，但發展不起來，南非可能是因為南非華人多，不只有臺灣人，中國大陸人等華人都很多，這還因為『阿彌陀佛關懷中心』有受到慈濟的大力贊助，所以比較能做出有意義的事情，慈濟在南非也是很有影響力的。」

非洲市場應是很有機會的，如果有更全球化思維，以及內需市場特質探討其價值，應會有更大之空間。吳董事長表示：

「包括民間企業也是一樣，非洲人喝啤酒喝到很驚人，單單一個啤酒玻璃瓶的需求量都非常驚人，可是我們沒有一家玻璃公司去做，像他們的房子也不斷在興建，建材玻璃、平板玻璃需求也都很大，對他都是屬於廉價的東西，但是廉價的東西也有它的價值，也是一個很好的產業，就像說臺灣的汽車零件，或許在臺灣某一些產業可能因為工資的原因不好賺錢，可以移到非洲去加工，一樣可以製造，一樣可以出口到美國跟其他歐洲地區。」

「其實我覺得臺商現在不往非洲走，不鼓勵往非洲是因為對非洲太陌生，所以不知道要怎麼走。非洲是一個有很大機會的地區，臺灣土地很小，東南亞也發展到瓶頸，比如說做一個簡單的農業，今天要在臺灣有三、五甲地種田很不簡單，但若要在非洲種四、五百甲都不是問題，有這麼好的一個地方你為什麼不去？因為陌生，因為我們國家以前並沒有做很多這方面的工作，所以沒有辦法帶領我們國人往這邊走，所以這是一個很需要我們積極去突破的地方。」

「我們公司在非洲，特別是西非地區，共在七個國家設有分公司，非常的在地經營。因為非洲工業是非常的落後，所以只要屬於民生物資的相關產業都是值得投資的，工業製造方面也都有機會，科技方面就先不要講，因為非洲人基本的勞工素質沒有辦法達到高科技製造的細膩度。除了南非

以外，現在的衣索比亞，也有很多陸資跟臺資去設廠，開始去訓練當地的勞工，讓他們的觀念、規範能夠成為穩定的勞動力。」

「非洲有將近十三億的人口，平均年齡也非常的低，照理說應該是個有相當好的勞工資質的地方，但是非洲人天性比較散漫、樂觀知命，所以做事的積極度不像亞洲人，沒有辦法持續的坐在同一個位置上工作，像是成衣、鞋子製造業等勞力密集的產業並不是很適合，因此要訓練成良好的勞動力比較難。民生物資產業會比較好，民生物資裡面又區分成配合機器的製造，比如說鋼鐵業、鋼筋製造，基本材料像是 H 型鋼、角鋼……版材的製造，鍋碗瓢盆的加工，又比如說建材類，我們所用到的水龍頭零件、馬桶、磁磚等這些都是屬於民生必需用品。」

「此外，還有非常重要的就是農業加工類，非洲的人口比重很大，除了南非以外，基本上都沒有很好的契作跟後期的農業加工，這些都是非常值得我們去開發的，特別是他們對糧食的需求，因為非洲沒有良好的農業企劃，所以常常有糧食短缺問題，每一個國家每一個地區都有這樣的問題發生，因為國民沒有良好的政府協助，在農業上是很大的一個問題。」

「包括漁產加工類也是，在南部非洲地區，像是南非、納米比亞、莫三比克，除了外資、白人設立的漁業加工業以外，其他地區的漁業加工業並不好，所以這些東西都是可以投資的，可以製作的民生用品，除了科技類以外，基本上在當地都有機會。」

「勞工素質培養是比較困難的，但也不是不行，有些國家也是可行的，像是在肯亞，他逐漸成為非洲的 IT 聚集地，對肯亞的年輕人來說就像美國的矽谷一樣，所以他們也非常的積極學習，在肯亞就有這樣的機會，每個國家有不同的可能。」

　　吳董事長近年也建置新工業園區，擔任臺商參與市場一條龍服務平

臺，或能有助新臺商進駐和服務。他說：

「原本工業園區我是打算自己來用，因為不是很大只有 35 公頃，但後來覺得也可以做一個孵化器，一個培育的地方。因為奈及利亞的內需市場有兩億人口，內需市場太龐大，如果有臺商想要到非洲奈及利亞來，你需要廠房，我們建廠房給你們用，你有關於稅務、進出口的問題，我們找專業的律師、會計師等人士來給你協助，讓你能夠在當地茁壯，等到你茁壯就可以自己走出去，跨出更大的一步，自己在當地成就一番事業，所以我們有往這個方向走。我們公司的名字也取得很直接，就叫亞太工業園區 Asian Pacific Industrial Zone。」

「非洲自貿區」短期效果評估是有限，但中長期影響仍值得重視。另非洲也可以分區來觀察。吳董表示：

「全非洲的自貿區，是在 2019 年 7 月份成立的，正常它應該要開始運作了，但是因為 COVID-19 的影響，整個推遲當中。個人覺得未來三、五年內可能看不到效果，但是五、六年開始可能會產生一個比較大的變化，因為非洲人做事不是慢半拍，而是慢一拍。他們在開始任何事的時候都是比較慢的，等到他們整裝好可行的時候需要有一個過程，這個過程會比較緩慢一點。」

「因為非洲每個國家都有他的稅收需求和迫切性，所以如果今天南非給的比較好，大家就都跑到南非去了，加工弄一弄之後出口，其他國家就沒有好處了，它說可以將資源分給其他國家，但是也是有限，所以這個自貿區還是需要有一個過程。經貿、投資的優惠可能無法快速落實，但是西非共同體現在就有優惠，西非本來就有一個 16 國的共同體，他們叫做 ECFA 西非共同經濟體，這共同體現在就在運作。」

「個人覺得非洲應該要分成幾個片區來看待比較合適，以西非來講，

就是以奈及利亞為一個中心，奈及利亞的東西可以賣到衣索比亞，可以賣到馬利，可以賣到查德，可以賣到中非，為什麼呢？因為絲路貿易，就是我們早期說的『陸路絲綢之路』，他們不斷的運輸過去，所以現在如果在沒有西非自貿區的環境之下，它確實可以走到這麼遠；以南非來講，它涵蓋到波札那、那米比亞、史瓦帝尼、莫三比克、尚比亞，覆蓋的面積滿多的，它是有個片區的影響，就像阿爾及利亞一樣有片區的影響。」

「至於北非的片區就是阿爾及利亞和埃及，南部非洲就是南非。而東非就比較厲害，農業是坦尚尼亞，工業是肯亞，這裡有不同的發展方向，東非反而是這幾年發展得比較好的，衣索比亞也積極的在發展，因為衣索比亞的人口太多了，需要有足夠的工作機會才能創造自己的國民免於飢餓，所以它一直在導入勞力密集型工業。」

給政府的建議方面，吳董事長也語重心長的建議：政府和企業部門對「非洲計劃」要有中長期執行規畫和方案。

「首先，如果政府能組建一個『非洲發展小組』，比較專業、長期的智庫模式，對於非洲國家做長期的評估，了解優缺點後，給我們臺商企業一些好的建議，這是政府可以做的方向。」

「就像我們在設立公司的時候，並不只是看市場，要去看人文、環境、方方面面都要去評估看你適不適合在這裡設立公司，因為做生意不是只有看到錢，不只是看到商機而已，還有你能不能經營得下去。所以我覺得政府應該要積極的成立一個長期的小組，真正的去了解這個非洲大陸，它有13億人口，未來會更多，它是一個不斷在增長的一個市場，不能再像以前一樣完全靠貿協。」

「我們需要的是一群願意真正深層去了解這些國家的學者專家，而不是上網去查查資料、蒐集完後回報就好，這些是沒有意義的。因為你只是

蒐集一些資料、文章、數據跟看法綜合回報而已，這是對臺灣、我們的國家一點幫助都沒有，所以首先政府應該要積極一點。企業方面，我是覺得臺灣的企業太含蓄了、太保守了。」

「應該要往世界走，臺灣企業一直比較侷限，比較 Friendly，都是在做別人背後的零件，東西都幫別人做得很好，但是都是貼別人家的牌子在賣。做得很好的東西都不敢自己去行銷、推廣，我覺得臺灣有非常多的東西適合走出去。世界上最好的鞋子就是臺灣人做的，但是為什麼臺灣企業沒有走出去創造一個屬於自己品牌的鞋子？永遠只會抱怨代工費用怎麼這麼低，臺灣企業應該要改變思維，如果想要做大、做強，成為百年企業一定要有這樣的想法才有機會。」

「給臺灣企業的建議就是要做自己的品牌，積極的往這些國家走，不管是要往高科技國家還是往第三世界的國家，就以非洲來講一定有機會。我曾經想過要創造一個品牌叫做非洲可樂，我要讓全非洲的人來喜歡它，它就叫 Africa Cola；想要創造一個品牌是非洲人的鞋子，非洲人喜歡它，因為這就是我們非洲創造出來的鞋子，要去追隨非洲的流行，因為非洲人有非洲人的腳，有非洲人使用的模式，你去了解他就可以做出不一樣的鞋子，但是背後有一群喜歡它的人，只要把性價比抓好，你就能自己創造出一個品牌，創造一個完全屬於非洲自己的產品而成就將來，這就是我看到的非洲商機。雖然我到非洲的時間不長，2003 年才旅居非洲，算是比較後起的臺商，但是我一直以積極的企圖心面向非洲。」

年輕世代到非洲創業，吳董事長也有積極的想法和布局思考，期能落實。他表示：

「因為我們都是臺灣囡仔，幾年前曾經跟溫玉霞溫立委，不只有她一個人，是一群臺商我們在談，希望成立一家『非洲控股公司』，這家非洲

控股公司主要做什麼呢？實際上現在在非洲做貿易已經沒有辦法再往上走了，只能往下走了。」

「因為如果把東西都放到相同的平臺上，很多人都有自己的產業生意，你會影響到他的事業經營。你賣文具、鞋子……任何產品都會與現有的臺商們生意上相互影響，所以不見得大家都會去看好這個平臺，我們想到成立一家非洲控股公司，主要希望是給臺灣的年輕人機會創業。我們會有一個控管中心，不管你在非洲哪個國家生活成長，只要覺得這個國家哪個製造業有機會擬定完整的計畫書，我們將針對你的項目進行評估審核，如果評估確實這個製造生產項目是有意義的話，我們可以投資讓你來經營，這是溫總還沒有選立委之前我們談好的一個事情，但是因為當選立委之後非常忙碌，這規畫就暫停下來了。」

「我之前跟外貿協會的黃志芳董事長提到過，鼓勵貿協多培養一些年輕人，多雇用一些年輕人讓他們走出去，多設一些據點，如果可以強化機動性不一定要成立外貿協會派駐的代表處，可以在任何一個國家，只是設立任何一個小機構，名字掛在臺商會也好，不掛在臺商會也罷，因為掛靠在臺商會是多一個協助，反正就是讓年輕人多一個機會去學習、去碰撞、去了解這個國家。」

「我們要為臺灣創造人才，因為我們的年輕人實在是太客氣了，應該要有這個膽識，中國人所謂的狼性（企圖心）在我們臺灣人身上越來越少了，政府應該需要規畫這方面的智庫協助年輕世代規畫未來，這是我一點點思維。如果有機會，我們非常歡迎臺灣年輕人到非洲來，我們盡量安排，看是要到哪一個國家『碰撞』，看你是有工業的基礎、技師的基礎，或是你想要來創業，有方向可以來找我們旅非臺商，有完整規畫都可以評估投資，成就你們創業新人生，如果你想要來做農業發展，如果你真的有這樣的能力或企圖心跟願景，那沒有問題！非洲的農業與加工確實是非常大的

市場。」

「我們非常積極歡迎臺灣的年輕人到我們非洲來，不管你來工作經商也好，學習也好，我們都希望你勇敢的跨出這一步。在非洲你可以看到真正不一樣的世界，你可以有很大的夢想，無限大的夢想，或許很辛苦、很艱辛，可能會讓你寸步難行，但它絕對是冒險家的天堂，值得大家、值得我們的政府鼓勵年輕人來，非洲不只是 13 億的人口，這麼廣大的土地，只要單單它百分之五的高消費群體就有多少人口了？它的消費力絕對不容小覷，很多年輕人說我可不可以去做珍珠奶茶？可不可以去做咖啡店？我想要說非洲絕對不只有做珍珠奶茶，你可以做珍珠奶茶的奶粉、澱粉的大供應商，你甚至可以做水資源的供應商，而不是做那一杯手搖杯的珍珠奶茶，這是我很誠心誠意地給所有年輕人跟政府一點個人的建議供大家參考。」

吳董事長的非洲員工中亦有不少來自臺灣，他對臺灣年輕人亦有不錯、正面的評價。此外，臺籍員工待遇不錯，三至五年內可賺人生第一桶金，提升人生視野。吳董事長表示：

「我們公司一直有臺籍的幹部，有一些是主修商業本科或財務相關的，不管有無經驗，我都帶過。我們孩子有一個特質，臺灣的環境讓孩子養成一個很棒的觀念，雖然我們說他們是布丁族、草莓族，但我們的孩子，第一比較善良；第二團隊精神比較強，而且都是往大我看，不是往小我看。不像中國大陸的年輕人，他們都先想到小我，但臺灣年輕人都先想到公司好不好，雖然他們不如中國人有狼心，敢說敢做，但臺灣年輕人都是以團隊的形式去做，而且臺灣年輕人國際觀好、誠信，在國際間的被信任度很高。」

「我們在臺灣的人力網站上也有應徵人才，HR 會做面試。我一直強

調，我們要看到年輕人的好，我們在非洲，不僅跟他們一起工作，生活也在一起，所以我們觀察他們的面向會比較多，所以會比較全面，這是跟臺灣企業比較不一樣的地方，我們觀察久了就會發現，臺灣年輕人還是有很優秀的地方，跟其他國家人不同的特質。」

「臺灣年輕人在公司有的一待好多年，也當然有不合適或者不適應的，但我們都會盡量給予鼓勵，如果一段時間後真的覺得不合適，我們就不要浪費彼此的時間，如果可以的話我們還是會盡量協助他們。」

「待遇大概是臺灣薪資的兩三倍，基本上起薪就是七、八萬開始跳（大學畢業），往返機票也是公司全額負擔，食宿、當地的所得稅也是公司全部照顧，來個三、五年第一桶金就存得下了，很多其他國家的同仁來三年後幾乎都可以買房了，公司提供的往返機票也不一定要直飛臺灣，也可以去歐洲、美洲旅遊，都很近，很多員工都會去西班牙、葡萄牙或德、法玩。」

臺灣發展經驗的適用性，以及產業發展之應用，具有可操作性。吳董事長表示：

「臺灣經驗在整個非洲來說是沒辦法完全適用的，但它有部分特質可以拿來使用。像在產業發展部分，像農業，很多人都認為在非洲做不起來，但其實錯了，非洲的農業發展是很有潛力的，很多農業產業鏈已經開始崛起，所以臺灣農業的經驗真的很值得非洲參考。」

「輕工業部分，產業相對是比較容易進入的，像我最近要設汽車組裝廠，它就算是輕工業，雖然相較重工業發展比較簡單，只是組裝。但還是可以造就商機，所以輕工業會是有發展且成本不那麼高的。」

「而民生工業是非洲現在立即可以發展的，到非洲來可以往這方面去做，不要想高科技，因為對非洲來說真的還有點遙遠，但民生工業真的是最迫切的。那因為各國發展比較不一，如果發展比較好的國家，服務業就

會比較有機會，但如果是發展比較不好的就比較少服務業。」

「那非洲人民部分，他們消費力很高，他們很強調享受當下，雖然很窮，但他們很願意花，且整體人口很年輕，他們真的很喜歡消費，他們沒那麼務實和節儉跟臺灣人比較不同，所以這是可以關注的。」

臺語有句俗諺：「生意人的孩子難生」，意思是說：「能生個會做生意的孩子是非常難得的」，吳董應可算其中的代表人物。尤其是自幼在母親的培養，在市場歷練和耳濡目染下，對市場形勢和商機的掌握便有其精準度；在市場分析和策略講求方法和布局，也展現智慧和創意。因此，吳董對奈及利亞和西非經濟形勢和商機的判斷便值得重視。此外，吳董在奈國建立的商業網絡平臺，亦有助於臺商開拓市場，尤其是年輕世代全球布局思考，無論是資源的運用，或是實務操作，皆有值得學習、互動和參與的價值。此外，較為難得的是，吳董對年輕人之關照、理解和提攜，更應是非洲市場領航的青年導師。

吳董對非洲市場投資的策略和布局思考，是值得吾人借鑒和認真參考的。事實上，從全球化布局的角度，應是考量成本、區位和獲利性，但是歐美和包括臺灣在內的市場空間恐有較大之局限性，如何在新區位選擇妥適性與安全性、風險排除，以及在農業、輕工業、民生工業與服務業深耕經營，應是未來臺商跨界經營全球市場必要考量和選項之一。事實上，以臺灣在產業奠定的雄厚基礎與工匠精神，非洲市場應有較大發揮空間。未來產業經營，如何發揮與落實在地化、專業化、規模化與市場化目標，應是值得努力的方向。檢視吳董的分析和論述，吾人應有更大的信心參與非洲市場的經略。作為一位企業家不僅要有經營市場的膽識和敏銳性，也需有企業管理能力和前瞻性，才能因應潛在的挑戰。非洲市場固有其地理區位偏遠、供應鏈整合難度高，以及人才、語言、心理與文化障礙，是新一

輪全球化布局中必須積極思考和克服的難題。此外，吳董母親的市場開拓
精神與人才在地化奠定其發展事業基礎，吳董的非洲投資初期也非一帆風
順，但終能開出一片天。尤其是吳董持續在市場奮鬥且具遠見的格局，應
是後輩應努力學習的標竿。

周森林：迦納市場闖先鋒，二代接班創新機

提到迦納臺商，周森林會長在非洲臺商圈中具有較高知名度。一方面是周會長赴迦納（參見圖 1、圖 2、附表）投資較早，1981 年就去了，至今已有 40 年，相當資深；另一方面，周會長一向敏銳的市場觀察力和人脈布局亦為人所樂道。其市場眼光與歷練值得學習和分享。

周會長回憶當時去迦納的背景，他表示原本想要去當時仍有邦交、位於西非的象牙海岸，想要投標一塊港口的土地，但迦納適逢政變，許多人便逃跑了，周會長則在此時抓住機會，入境迦納發展事業。他說：

「迦納大概是臺灣的 6.6 倍大，一個省差不多就是一個臺灣的大小。

圖 1：迦納共和國所在地（深色位置）

圖 2：臺灣－迦納飛機航程圖

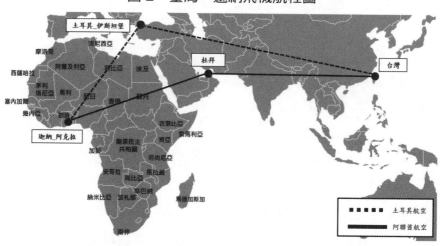

表 1：迦納共和國基本資料

迦納共和國（Republic of Ghana）	
獨立時間	1957 年 3 月 6 日宣告獨立
首都	阿克拉（Accra）
地理區位	位於西非，西鄰象牙海岸，北靠布吉納法索，東邊是多哥，南邊為幾內亞灣。
官方語言	官方語言為英語，其他主要通行語言為 Asante 語、Ewe 語、Fante 語等。
面積	約 23.8 萬平方公里（約為臺灣 6.6 倍）
體制	共和國／總統制（任期 4 年）
元首	阿庫佛阿多（Nana Akufo-Addo）
國會	單一國會（275 席），由人民直接選舉產生，任期 4 年。
幣制	席迪（Ghanaian New Cedi, GHC）
GDP	2112.4 億美元（2021）
Per GDP	6,580 美元（2021）
人口／結構	3,237.29 萬人（2020）
民族	47.5% 阿坎人　　　　　　16.6% 達貢巴人／莫西人 13.9% 埃維人　　　　　　7.4% 加－阿當貝人 5.7% 古爾馬人　　　　　　3.7% 古昂人／貢賈人 2.5% 古倫西　　　　　　　1.1% 比薩人／曼德人 1.6% 其他人

宗教	71.2% 基督教	17.6% 伊斯蘭教
	5.2% 無宗教	5.2% 原住民傳統信仰
	0.8% 其它	
時差	較臺灣慢 8 小時	
主要輸出項目	寶石、貴金屬、礦物、礦物燃料、可可、可可製品、食用果實及堅果（2020）	
主要輸入項目	車輛零組件、工業用機械設備、電機設備零件、穀物、鋼鐵、塑膠（2020）	

資料來源：外交部、貿協、IMF

我覺得我到迦納的發展一直是一個機運。在迦納認識了一個軍方的領袖，大概是過去臺灣郝柏村的地位，是參謀總長，以前是駐英國的武官。我那時候到迦納經商的時候，當地還是軍政府。每週三，當地都會有類似家庭日的派對活動，在那個場合當中，因為常常見面，就與他熟識。在當地認識了這些官員之後，實際的貿易互動上就比較沒有政治的顧慮。建立了與當地的信任之後，在擔保方面也就比較容易。」

　　多次與周會長訪談和交流過程中，可以感受到周會長當初進入迦納市場商機，和爆發性成長的興奮之情。周會長常以商機「不得了！」「不得了！」來形容。周會長也提到他在迦納賣 Poki 冰棒的往事。他表示：

　　「我剛開始的時候是做貿易。貿易好賺，利潤高，一個投資，可以拿三倍的錢回來。不過將軍跟我說，我這樣只做貿易，人家會看不起，至少要開一間工廠。剛好我就想到，既然要做工廠，很簡單，有朋友跟我說家裡有做棒棒冰的機器。為什麼想到棒棒冰呢？因為那個塑膠袋，小孩子出去如果賣不完，還可以拿回來再放進冰箱裡保存。起初，是為了有一個工廠的名義，才來做冰品產業。當地氣候跟臺灣差不多，天氣好得不得了。產品一出來，人們都在排隊，在迦納當地獨一無二，一天可以賣 30 萬支。

這樣幾乎是獨占事業，錢大部分就是從這邊賺的。這個利潤很好，成本也很低，放糖、放水、放香料而已，本金六個月就拿回來了。所有大都市，我都親自去設立製冰廠。早上五點鐘就開始排隊發售，我們家小朋友就拿貨出去賣。甚至包括中央銀行總裁的太太，黑人太太，她的小店也來跟我靠關係拿貨品。那時候都盡我所能的去擴展商機，去投資。」

　　周會長對非洲投資環境的選擇也有其觀察視角。迦納的投資策略和市場如何評估，周會長皆有一套做法和規範，也提醒赴非臺商不要排斥合資的觀念。他也指出在地生產與深耕的重要性。他說：

「應該先分兩種國家，一個穩定國家，一個戰亂國家。到穩定國家的時候，拓展連鎖店；在戰亂國家時，經營雜貨店。到動亂國家經商，真正的臺灣人就是一個皮箱走天下，遇到了機會，或是當地有什麼需要，就開始經商。這個跟穩定國家並不一樣。穩定國家，像迦納，就很安定。要投資哪個國家，你要先考慮到這是一個穩定國家還是戰亂國家。這之中牽涉到的做法又不一樣。」

「我在那邊四十年了。一隻皮箱的做法，到那邊，找一個代理人，甚至培養當地幹部，我就是這樣起家的。穩定國家的經濟需要大型企業帶頭。大型企業現在有競爭對手，你要有辦法跟中資企業在一起競爭。另一個重點是要在地生產，要有深耕發展。臺灣人過去的想法就是要獨資。為什麼一定要獨資？為什麼不找當地比臺灣人有錢的黑人呢？去找當地的著名企業合夥，甚至我也跟一個勞保基金合夥。市長說要給他們 30% 的投資股份，我就答應，然後請他介紹給我認識。大家是不是可以合作？那為什麼還要獨資呢？獨資成本太重，如果合資的話，利潤可以共同分享，風險共同承擔。很多臺灣人就是怕綁手綁腳，大家都想要自己當老闆。在當地，我也不會排除與中國大陸的企業合作，在那邊的大企業的高層跟我私交都

不錯。」

　　臺灣對非市場進出口比重都偏低。一方面臺灣對大陸出口市場依存度高；另一方面，非洲市場仍不受到重視有關。周會長的觀察是：

　　「非洲自由貿易區的秘書處是在迦納首都阿克拉，所以政府現在積極經營迦納變成非洲的新加坡。這是他們的口號，他們的構想。目前非洲境內的貿易只有 16% 而已，一些專家估計未來至少有 50% 左右，甚至有說 70% 的。假如說真的有 50%，那就不得了了。現在大眾汽車、VOLVO 跟日產汽車，皆已經宣布在迦納設裝配工廠。迦納的投資條件很好，也給予這些廠商很好的優惠。臺灣現在出口非洲、進口非洲的總和占全部的 0.68%，還不到 1%，難怪政府會想要強調對非貿易。現在臺灣對中國大陸出口 40% 以上，如果不分散市場的話，哪天兩岸問題爆發，就慘了。」

　　在兩岸市場競爭和商機方面，周會長也對當地市場有深入的觀察和分析。周會長特別強調市場競合、區位選擇與在地經營。他指出：

　　「非洲哪一個國家是穩定國家？可以觀察美國總統到非洲參訪哪個國家就知道了。美國總統會去參訪的國家無論是政治體系，或是經濟體系都會符合美國的標準。從布希時代開始，美國總統到迦納參訪好多次了。為什麼我在迦納？現在全非洲的自由貿易區已經形成了，迦納剛好坐落於臨海的位置，擁有港口，西非最好的港口，有著交通區位上的優勢。像是在邦交國史瓦帝尼，被南非包圍，要到南非、莫三比克的港口，開車最少要四個小時，而且路又不好，並沒有交通區位優勢。人口只有一百多萬，叫人家去那邊投資，並非明智之舉。為了政治利益，都沒有考慮好。那個國家我也不敢去，那裡不是生意選擇的地方。」

　　「像大陸銷到美國去的大訂單，你一百件總不可能剛剛好只做一百

件，一定會多 1% 到 2% 的產量當作庫存來預備一些瑕疵或是意外的狀況。現在大陸在非洲有四大公司專門在做庫存品的貿易，他們在各國成立一個中國商場。這個商場裡面賣的東西都便宜得不得了，賣給誰呢？賣給迦納路邊擺攤的那些人。那個庫存品的成本大概是我們的一半價格，最重要的是，品質也不差。臺灣也有人在做類似的事情，以低價買進日本倒閉瓷器廠的庫存品，運回臺灣之後再高價賣出，甚至還能強調是日本出產的產品。所以，你在非洲做貿易要面對中國商場的低價競爭是很難的。臺灣有個商人在迦納是做滅蚊燈的生意，價格上雖然很難跟大陸的競爭，但是這個變成是當地人的一個必需品，所以說還是有一定的機會。買這些滅蚊燈的人都是那些擺路邊攤的。如果要發展製造業的話，就必須要蹲下去，一定要在地經營，抓到當地的需求。」

「另外一個就是畜牧業。其實，臺灣的畜產技術非常厲害，養雞從小養到大只要 35 天就可以了。養雞的農舍都做成兩層式的，一次可以賣四萬隻，但是這些都是有施打抗生素或是藥劑。水質之於養雞業也是非常重要的關鍵因素，這就是學問所在。在迦納發展農畜牧很適合，土地大又便宜，人力也便宜。在迦納，雞肉是很常出現的肉類，特別是在高端人士的餐點中。總之，在非洲經營，選擇比努力更重要。選對了行業，成本一定能很快就回收回來。農業和養殖會遇到的問題是，黑人可能會偷竊這些作物與漁獲，導致產量降低。我自己的農場，一開始種玉米，但是產量很差，都被偷走了。所以，如果要經營農場的話，只能種植一些非食用作物，像是花、蓖麻之類的作物。」

周會長亦提出為強化臺非間貿易，可採行設立發貨倉庫的設想，主要根據當地需求，結合臺灣的供貨系統和能力。其中可能還需要解決資金融通，應收帳款問題。周會長表示：

「迦納塑膠原料每年有六千萬噸，過去曾有人跟我介紹相關產業，但是對方認為在非洲過去倒帳的經驗並不好。但我認為，只要在非洲設立保稅倉庫，並且派人管理就好了。如果代理給我，我今天跟你收購一些原料，直接現金交易，也並非不可行。有一些產品也是如此，例如電視、輪胎等企業。這種做法也算是一種投資，本來這些貨品也是市場需要的，比起直接跨國買貨，來得省時，大概十五天就可以出貨了。我現在也有自己的保稅倉庫，這種倉庫並不用自己蓋，去跟當地租就可以了。另外，可以放置在保稅倉庫的貨品通常是稅率高的貨品，如菸酒，或是流動率較低的設備類。」

在對年輕世代的政府施政建議方面，周會長也提出他的分析和觀察。他表示：

「針對臺非之間的貿易，試圖創建貿易平臺媒合年輕人與產業，給現代臺灣年輕人一個機會，幫助他們媒合商業機會。現在臺灣經濟不太好，這可能是一個潛在的機會。但是平臺的部分，還必須克服語言的問題。初期可以先從簡單的、小資本的開始，一萬美金以下，能夠先達到初步的成果。現在還是有很多人不了解非洲，我們成立這個平臺，反而可以建立臺灣與非洲之間的信任與交流。這個模式，大陸也有類似的平臺在進行。在細部操作上，我們再把供需的要求制度化。一步一步慢慢來。不過在非洲真正的生活還是充滿挑戰，食衣住行都是需要重新適應，這是年輕人需要去了解和適應的。」

「對於所有想投資非洲的臺商而言，最大的困難是，在市場調查之前，政府應該要有一些補助。新南向政策雖然未來可能擴展到非洲，但是官方的思維應該要先改變，不能只著重於政治利益，而是要考量實際的商業利益。要先從軟性的商業利益開始，建立友好關係，再拓展到政治利益。否

則，政治利益至上的思維，可能會破壞潛在商業利益的發展。」

　　周會長也特別提到為人處事、在地共生、善待人民、培養人才和自律的重要性。周會長表示：

　　「我之前有一個會計，是黑人，大學畢業。我出資幫助他讀研究所，後來也讓他繼續在我這邊工作，或是允許他去找其他兼職。我在當地經營，事實上，很多迦納黑人都對我忠心耿耿。如果在當地用人，只有自己吃香喝辣，對於當地人來說是何等的感受。所以，你要真的把當地人當作是『人』，而不是單純的『僱員』。我很佩服孫杰夫，他的人脈比我更廣，能夠真正的擁抱黑人。我在非洲，黑人很尊重我。雖然中國也在當地投資，但是黑人能夠認知的中國人與臺商之間的區別，他們自己還是有自身的道德標準。不像中國人，沒有工作或是其他必要，我盡量不去那些聲色場所或是賭場，給黑人在觀感上一些尊重。總歸一句，你就是怎麼對待他人，他人就怎麼對待你。」

　　「臺商在當地經營，還是要培養幹部，必須鼓勵一些貿易商培養當地的幹部。可以請美國人，那為什麼不請迦納人？最起碼，要研究非洲經貿，至少要對黑人不要怕。就像我之前說，迦納人的品性很好，因為過往是從事農業，而非像奈及利亞的黑人族群一樣，過去是遊牧民族。」

　　「我跟世界銀行貸款，有時候世界銀行官員會來迦納出訪，都只來兩三天，在首都或是總統府那邊走一下而已。我建議他們到鄉下去看一下，看一下鄉下的生活到底缺乏什麼。世界銀行的官員真的應該要到鄉下看一下黑人的真實生活，而不是一次出訪就只有機場、旅館、辦公室這幾個地點，這樣當然不曉得真實情況。」

　　周會長對迦納市場投資民生產業、善待人民得到真摯友誼和政府的肯

定。1998 年迦納總統傑瑞‧羅林斯（Jerry Rawlings）即曾頒發獎章，表彰其對迦納的貢獻，在當地受到「民生產業家」的認同。此外，周會長長期在迦納經商也曾多次協助臺商和臺灣陌生友人，完成不少「不可能的任務」，做了很多好事。會長回憶道，有一次接到一個緊急電話，說迦納外海有臺灣漁船船員中風了，須緊急救援，但是目前入境與醫療都是障礙。周會長運用其關係做了入境緊急醫療的處置，救回了一命。即使在 2021年春節期間，也有幾位臺籍商人入境迦納，出現簽證偽造問題，原本有牢獄之災，也在會長協調下讓原機遣返。

　　近期烏俄戰爭，據報導記載烏克蘭基輔貿協臺貿中心主任徐裕軒，憑其勇氣和機智成功將臺商及留學人才撤離烏克蘭，受到國人讚揚。同一撤僑場景，亦發生在 2002 年的象牙海岸政變。當時在國貿局駐象國辦事處陳宗儀主任策劃下，將旅象臺胞平安撤離至迦納轉機回臺。當時周會長旅居迦納，在象國臺胞沒有簽證與入境許可條件限制下，仍協調移民官員提供便利。周會長家中一度有二十多人暫居避風頭。事後僑委會前委員長張富美曾頒發「海華榮譽章」表彰其貢獻。

　　近年讓周會長較欣慰的是，其子周幸賢（Andy Chou）自美國留學返迦納接班事業，並從事竹材加工生產環保產品行銷歐美，這可能是未來強調環保和 ESG 訴求的新商機。近期周會長積極協助其子 Andy 設立工廠，其中尚涉及美國市場訂單確認、貸款優惠利率爭取、臺廠機械設備認證，以及環保產品優劣勢分析。在過程中，周會長仍認真就市場、價格和可行性評估做盤點，期能立於不敗之地。另 Andy 現也兼任迦納臺商會秘書長，平日經營業務之餘，並有年幼時期迦納在地求學和生活的夥伴共同打拼，有助事業開展。此外，疫情稍緩，周會長想返迦納，其子周幸賢 Andy 勸年近八旬的周會長勿長途旅行，父子間情感互動令人印象深刻。

　　周會長此次因疫情影響返國停留時間較長，因此有較多機會和各界互

動。周會長老成謀國、熱心臺商事務、鑽研市場實務仍不遺餘力，並在多次場合中向政府建言，包含信保基金的運用、落地簽證處理、參與世界貿易促進組織會議（World Trade Promotion Organizations Conference）、設立職業學校，以及提供臺商融資服務便利性安排等。近日讓周會長高興的事，在持續磋商與協調下，中國輸出入銀行與迦納 Cal 銀行（Cal Bank）建立轉融資（Relending）銀行關係已落實，臺商可獲 7% 低利貸款（當地高額貸款利息通常在 20% 以上），此將有助臺商事業發展。

施鴻森：馬拉威制度扶貧，樂善好施受尊敬

　　位於非洲東南方的內陸國馬拉威（Republic of Malawi）（參見圖 1）提起種植咖啡和樂善好施的施鴻森會長（馬拉威首都臺灣商會名譽會長），莫不給予積極認同和高度好評。其中不僅是創立咖啡種植與收益分配制度，有效落實扶助貧困農民，擺脫外人剝削、掠奪的刻板印象，且近期施會長亦在新冠疫情（COVID-19）期間募集衣物與鞋，濟助當地民眾，得到當地人民真心感謝來自臺灣的愛心。

圖 1：馬拉威在非洲大陸地理位置圖（紅色圖示）

表 1：馬拉威共和國基礎資料

馬拉威共和國 （Republic of Malawi）	
獨立時間	1964 年 7 月 6 日獨立
首都	里朗威（Lilongwe）
地理區位	位於非洲東南部的內陸國家，鄰接尚比亞、莫三比克及坦尚尼亞。
官方語言	英語、齊切瓦語
面積	約 11.8 萬平方公里
體制	共和國／總統制（任期 5 年）
元首	查奎拉（Lazarus Chakwera）
國會	一院制，「國民議會」（National Assembly）共 193 席，由人民直選，任期 5 年。
幣制	夸加（Kwacha）（MWK）
GDP	341.6 億美元（2021）
Per GDP	1,550 美元（2021）
人口／結構	約 1,860 萬人（2021 年馬拉威總統府資料）
民族	單一民族─馬拉威人
宗教	79.9% 天主教；12.8% 伊斯蘭教 3% 其他；4.3% 沒有宗教信仰
時差	較臺灣慢 6 小時
主要輸出項目	菸草、禽肉、茶葉、黃豆、甘蔗
主要輸入項目	食品、石油、半成品、民生消費品、運輸設備

馬國經濟條件弱勢、貧困

　　馬拉威於 1964 年獨立，曾為我邦交國（1966-2008 年），鄰接尚比亞、莫三比克及坦尚尼亞，首都里朗威位於馬拉威中部，面積 11.848 萬平方公里（約為臺灣三倍大）（參見表 1）。由於馬國曾被聯合國評為世界上最不發達的國家之一（全國約有 55% 的人民生活在貧窮線以下，2019 年人均年收入僅 370 美元），加上馬國政府長期舉債度日，且受愛滋病與高生育率影響，教育程度低、缺乏技術工人，皆影響其經濟發展。施會長曾形

容馬拉威的窮困時說：

「我的朋友以前到馬拉威的時候，都是『剩一條內褲回來』。所謂的『剩一條內褲回來』是形容詞，是說看到馬拉威的人太窮，恨不得把身上所有的東西都給他們。」

施會長出生於 1955 年，早期從事辦公事務機器銷售，後經營餐飲行業（俗稱「辦桌」），獲利頗豐。當時，施會長不僅善於經營，也重視衛生管理和員工訓練，並強調維持品質和加強培訓才是獲利保證。其後，2003 年施會長受朋友邀約赴馬拉威投資原木生意，但其後卻因環保因素再度轉行，選擇種植咖啡。

施會長種咖啡成就事業

馬拉威種咖啡的故事，要從 2008 年馬拉威與我國斷交說起，施會長回憶道：

「2008 年我們的政府與馬拉威斷交，僑居地籠罩在一片哀愁的氛圍中。我們擦一擦雙眼，收拾行囊，不是回臺灣，而是穿梭在山區和當地酋長與農民開協調會，鼓勵他們種咖啡樹改善他們的生活，希望能達到自食其力的目標。一開始農民的意願都很低，為了提升他們的興趣，我們用一卡車一卡車的可口可樂來吸引他們，引導他們跟著我們的腳步走。」

「2008~2012 年，我們走遍了馬拉威的山區，車輛每年報廢一臺，這期間我們在每個村莊成立咖啡種植社（類似我們的產銷班），再集幾個村莊組成一個種植協會，最後再由所有協會成立聯盟來管理，總共有三層次。我們公司和農民之間的溝通和意見交流就透過這樣的架構來傳達。」

2008 年馬拉威在當地經濟條件不佳、農民貧困背景下，透過英國成立

的團隊經費補助支持成立「馬拉威有機種植協會」，期輔導農民能自食其力。亦即施會長運用國際非政府組織（NGO）和專業技術人才支援，開展「馬拉威咖啡農民扶貧計畫」。此外，咖啡種植需先評估土地條件、育種苗、施肥和收購等環節，且須經兩三年才能收成。至 2012 年產品推出，品質獲國際認可，次年收益出現盈餘，連年成倍數增長。施會長在馬拉威的加工總廠在首都里朗威（Lilongwe），北部則有兩個咖啡櫻桃處理場，分別在姆祖祖（Mzuzu）和奇蒂帕（Chitipa），奇蒂帕距姆祖祖約 310 公里，到里朗威則要 680 公里（參見圖 2），南部恩徹烏（Ntcheu）地區也有五個種植基地，路程與路途都不算近且顛簸，其辛苦可想而知。

圖 2：施會長於馬拉威的咖啡櫻桃加工廠

1. 奇蒂帕縣：位於馬拉威西北部，毗鄰與尚比亞和坦尚尼亞接壤的邊境。施會長於馬拉威北部兩家咖啡櫻桃處理廠之一。
2. 姆祖祖：是馬拉威第三大城市，地處農業區的中心，主要從事茶葉和咖啡豆的種植。施會長於馬拉威北部兩家咖啡櫻桃處理廠之一。
3. 里朗威：馬拉威的首都（1975 年 1 月從松巴遷來），為目前馬拉威第一大城市，位於中西部里郎威河畔。施會長於馬拉威的加工總工廠所在地。
4. 恩徹烏：位於馬拉威南部，毗鄰莫三比克的邊境。施會長於馬拉威南部有五個種植基地。

建立制度保障貧農收益

2012 年咖啡豆產出，施會長面臨幾個需要立即解決的問題：

1. 成立加工廠來加工從農民收回的咖啡豆。

2. 和農民共同擬定咖啡豆回收價格的制度：

   ● 首先建立一個有公平貿易的精神且沒有剝削的共識。

   ● 依據出口銷售價格往回推，扣除各項加工損耗與成本支出後，就是發放給農民的款項。

   ● 明定公司的毛利是 18%。

在這個制度下，十年來農民都非常高興，收入和種植棉花的農民相比，種植咖啡樹的農民的收益約為八倍之多。

在公益回饋原則，施會長介紹其做法：「長期以來，我們在馬拉威所進行的公益活動一直秉持著幾個原則：1.在有限的資源下，可以幫助最多的人。2.可長久持續性的進行公益活動。3.一定要讓受贈的人們知道，我們是來自臺灣，是臺灣人幫助了他們。」

行善常態化，善有善報

所以施會長公司自 2013 年開始銷售咖啡後，每年都會從盈餘中提撥一定的比例回饋咖啡產區，也得到很多的迴響，我也相信種善因得善果。施會長親身體驗的兩件事分享：

「2005 年在馬拉威組裝腳踏車，因配合大使館捐贈 300 部的腳踏車給馬拉威政府的法院。在捐贈典禮上，當時的莊大使逐一介紹當地法官與檢察官給我認識，因此認識了很多司法體系的官員。當時天天都有偷竊集團的人來光顧，每天固定晚上 12 點對空鳴槍三響來警告這些小偷，這樣的

生活讓我感覺很累，後來決定跟大使報告這樣的生意實在做不了，於是轉行硬木出口的生意。此外，轉做原木生意的初期，經常會遇到一些生意不好的律師，慫恿當地人到法院誣告我偷砍他家的樹。法院開庭時，法官一見到被告是我，就先罵原告一頓，當然告訴也都不成立。」

「2019 年在馬拉威一個偏遠的山村挖井給當地村民時，身體罹患了急性胰臟炎，腹痛劇烈，挖井工地附近的縣立醫院都沒有藥和抗生素，且距離首都有將近七、八百公里，但是只能去，司機必須在一天內開回在首都的家，在馬拉威這坑坑窪窪的道路上以 140 公里的時速行駛。將近一整天的車程，身體奇蹟般地竟然一點疼痛都沒有，直到抵達首都後才又開始疼痛。當時有一位林小姐（現任馬拉威臺灣首都商會會長）幫忙打電話給一位中國籍的醫生，他接到電話後立即趕來接我，到全馬拉威最好的中央醫院檢查確認病症。這位醫生一路上一直說他不是中國醫療隊的醫生，而是聯合國派駐的，要我一定要相信他。」

「徹夜的檢查後，確認是急性胰臟炎，整個胰臟都浸泡在外溢的胰液中，醫生說我一定要緊急返臺就醫，在馬拉威沒人救得了你，所以我緊急買機票回臺灣。神奇的事情再次發生，這三天身體的劇烈疼痛又消失了。一路平靜地回到臺灣，趕赴成大醫院掛急診，一腳踏進急診時，劇烈的疼痛馬上又排山倒海般襲來。我被告知沒有床位，剛好在成大有人知道我都在做公益，便動員他們的關係與力量來幫助我解決病床問題，在成大醫院住院十多天後，身體健康的出院了。」

善行凸顯臺灣標記

近期臺灣愛心與施惠馬國再添案例，即使在疫情期間施會長亦不落人後。施會長在臺募集之衣物，透過 TABA 理事長，亦是青航總經理孫杰夫

的協助，成功將兩貨櫃的臺灣愛心輸往馬拉威（參見照片集圖5-4至5-6）。
施會長回憶道：

「2021 年 8 月我在臺灣非洲經貿協會與高雄扶輪社的群組及宗族兄弟
中發起募集二手衣的活動，一個星期內寄來了兩個貨櫃的衣服和鞋子，速
度之快，令我相當的震驚與感動，工作人員在第三天就告訴我，請大家不
要再寄了，再寄來的話原本安排好的預算就會嚴重超支了。」

「後來兩個貨櫃衣物到馬拉威後，我們訂購了兩萬個手提袋並將衣物
分類成嬰兒用、兒童用、大人用後裝入，手提袋上面則印上 LOVE FROM
TAIWAN 和 TAIWAN CAN HELP。」

「我們也開始擬定捐贈計畫，在聖誕節時我們會到醫院將嬰兒用的衣
服送給弱勢的媽媽們，也會到村莊、教堂直接發放給真正需要的貧困百
姓。」

臺灣赴馬拉威路程並不輕鬆。一般行程是走臺北－曼谷－南非約翰尼
斯堡再轉馬拉威首都里朗威。估計含轉機在內，時間約需一天。返程經衣

圖 3：施會長赴馬拉威和返臺航程圖

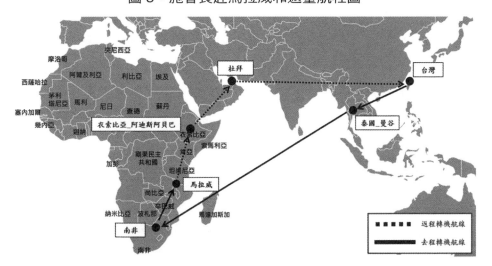

索比亞阿迪斯阿貝巴（Addis Ababa），然後接杜拜轉臺北，恐也需一整天的時間（參見圖 3）。作為一位企業經營者，不僅有遠赴異鄉舟車勞頓之苦，也要以企業經營成功作為要件。市場是以成敗論英雄，落實公益更需有經濟基礎做後盾。顯見施會長事業在運籌與管理能力，皆非一般常人能及。而其行有餘力，仍普施惠當地子民就更難能可貴。

家人支持事業與公益受肯定

施會長家人亦隨同前往馬拉威經營事業，在與其家人互動過程中感受其素樸、務實的一面。其公子亦在服役後投入馬拉威的咖啡生產和經營，皆屬難得。對企業發展、公益和國際社會參與而言，不僅要克服地理位置的偏遠、外交阻力、生活條件的困頓和治安挑戰，更須在企業與生產經營上獲得績效，才有可能永續生存當地市場和社會。此外，施會長布施亦不忘來自臺灣的印記和訴求。「我來自臺灣，經歷臺灣追求自食其力的經濟發展階段，希望將改變命運鑰匙教給馬拉威人。他們都知道種植咖啡改變他們的是臺灣人。」施會長說。此外，施會長亦在訪談中表示：

「做公益比較可貴的是，要永續的價值。要長期去做，如果只是短期，都是白搭。在馬拉威來說，做公益有幾個精神。我們真心想要幫助他們，所以從咖啡方面來幫助他們的生活。第一個先設定能夠脫離飢餓，第二個就是步入小康。我們也希望在公領域的方面，如學校、社區等，能夠在這個方面漸漸地穩定下來。透過對社區回饋的工作，拉抬臺灣人在國際社會的形象。每一個捐助，我都告訴他們，我是來自臺灣的，造的每一座橋，都立一個牌子，說這是臺灣人捐助的。」

儘管施會長貢獻馬國不遺餘力，也行善做公益多年，但是雙方的價值

觀和文化觀念差異仍是較難融合的，有待於整體法律和文化的落實和教育的提升。施會長說：

「他們傳統社會的那種，習俗跟習慣導致出來的一種，跟我們無法相容的文化觀。他們的傳統生活裡面，村莊裡面比較像是共享社會。他們對共享社會認知是，我用你的、你用我的，是很正常的。當這個關係套用到公司裡面的時候，在法律行為上，就會變成偷竊和侵占。這是傳統文化和職場理念、法律不同所造成的問題。」

僑委會肯定會長企業經營和公益表現

施會長的經營能力和善行不僅得到馬拉威朝野和在地人民的肯定。2021 年 4 月 6 日僑委會童振源委員長亦頒發「海華榮譽章」給予鼓勵和肯定。童委員長致詞時即曾讚揚表示：「臺商在全世界默默付出，對當地社會貢獻良多，經商有成後亦飲水思源，回饋臺灣的弱勢團體，而施鴻森會長則是最佳典範之一。」童委員長亦提及：「施會長若持續發揮大愛精神協助馬拉威、臺灣以及國際社會弱勢族群，未來也將會成為僑界的典範，獲得國際的認可。」

企業獲利分享員工本是企業社會責任（Corporate Social Responsibility, 簡稱 CSR），但關鍵在於分配機制與貧農實質收益。換言之，施會長在非洲較艱困的地區，以專業和市場導向，結合並培訓當地農民進行組織化運作，並透過制度化獲利分配制度保證貧農獲益，從而成就施會長咖啡產業市場競爭力。據估計，該計畫運作至今協助八千戶農民，提升收入至少63%，助益十萬人的經濟收入。明顯的，施會長在臺灣經營管理實務和市場歷練，並運用臺灣農業組織化運作模式，結合公益回饋的做法，應是臺商全球化投資經營的典範之一，值得推廣和發揚。

善盡社會責任，不忘回饋家鄉

在新冠疫情期間（2020-2021 年），施會長返臺除促銷其生產的藝伎咖啡，亦不忘對家鄉的回饋和公益。施會長除資助臺灣高雄在地球隊外，並樂於做在地公益，是落實企業社會責任的實踐。此種關照投資國，亦回饋家鄉的模式亦令人佩服。2022 年 3 月初，施會長再次返回臺灣，施會長這次返臺行特別漫長和艱辛。施會長感性表示：

「今天終於回到家了，這次回家的路好長、好難、好艱苦。因為 Omicron，我原本元月 16 日就可以回到家的行程，直到 3 月 3 日才回到家，在漫長的等待、隔離中浪費了 45 天的時間，這期間共做了五次的 PCR，四次的自我快篩。每次的 PCR 檢測都深怕報告結果是陽性，等待的時間裡，心情真的是非常焦慮不安，任何一次的 PCR 檢測結果是陽性都會延遲回家時間。這次回臺灣真是百感交集。」

施會長這次返臺，展示了他新的產品夏威夷豆，也非常成功，正準備打開行銷通路，讓臺灣消費者能分享馬拉威優質農產品。對市場而言，能夠在艱困遙遠山區生產出優質產品誠屬不易，如何行銷（marketing）進入市場獲消費者普遍認同更是關鍵。施會長在馬拉威持續性、制度化，且無私心的濟貧之感人故事行銷和產品履歷，應會得到更多市場肯定。

孫杰夫：活化非市場平臺，情義相挺受讚揚

在「臺灣非洲經貿協會」（TABA）擔任二屆共六年理事長的孫杰夫（Jeff Sun），無論是臺灣對非貿易夥伴，或是在非洲投資之臺商，多能如數家珍。面對臺商的融資、簽證和僑務事務與政府溝通，亦不辭勞苦陪同溝通和協調。其熱心的態度和不懈的努力，受到協會成員的認同與非洲臺商的高評價。

孫前理事長介紹了他參與 TABA 的背景和互動。他說：

「其實服務臺商的背景和想法，跟我工作有關係。我經營的海空運承攬公司業務曾做到美國地區前 15 名。為了持續拓展市場。很幸運的，我們參與了勞動部中區職訓中心（現為勞動力發展署中彰投分署）的國家標案，這個職訓計畫經費高達 40 億，也成為我投入非洲的契機。其後也加入『臺灣非洲經貿協會（TABA）』，擔任第五屆及第六屆理事長。在我任內，只要是非洲臺商會會長回臺，有機會我就邀請他們餐敘請益。這種熱情使我跟這些臺商領袖關係很熱絡、熟識。從我就任第一天開始，就沒有斷過與非洲臺商的社交。」

論及市場媒合與跨界整合，孫前理事長亦提出其經驗和觀察。他表示：

「我們也一直在做媒合這件事。舉例來說，奈及利亞的跨河州（Cross River State）對臺非常友好。2019 年 5 月他們率領八、九位政府官員來臺訪問，受到本會的關照，當時我們幫他們在世貿一館舉辦一場媒合會，現場來了一百多家有興趣的會員廠商。若當下有進一步的機會，我們馬上就安排州長和會員廠商面談，當場也有好幾家成交。其中一位會員是在鹿港做竹子的，因為跨河州盛產竹子，但當地大多是使用在建築的鷹架上，價值並不高，後來州長向這個廠商買了製竹機，打算製作牙籤，提高竹子的

附加價值。」

　　「現在這個時間點，大部分非洲國家的領袖，都在強調的一點是 "Value-added"（附加價值）。對他們來說，若要維持生計，一定要讓當地的原料產生基本的附加價值，這已經成為非洲地區國家的國策。」

　　「2019 年我們率領一個團到西非拜訪政府官員，雖然是非邦交國，但還是有和我們協會互動往來。其中象牙海岸的國貿局局長，以及迦納的官員也都在強調附加價值這點。」

　　非洲有不少臺商表現傑出，或許他們平日較為低調，但他們確實做出具體成績。孫前理事長分享不同的案例：

　　「在南部非洲，有近一百家臺灣的紡織廠，如興紡織與南緯實業，他們在非洲已經設廠二十多年，但我不認為政府很了解這些大紡織廠。他們大到占有前友邦賴索托全國 GDP 的 25%，這是非常成功的代表。」

　　「2019 年 12 月到奈及利亞跨河州很大一個原因是，那邊有一位令人敬佩的臺商，他 73 歲了，從宜蘭過去的。他一生中有四十年深耕在非洲，買下英國大企業的橡膠園，共二萬八千公頃。光他提供給員工的宿舍就有一萬名，他通常是保持三千人左右的員工，希望可以擴大到五千，不過在招募上有一點問題。這些員工都是從故鄉帶著全家人來工作，因此這位臺商就在裡面辦了一個學校，以及醫院照顧員工，醫院的規模甚至還不小。」

　　「因為非洲商機太大，他們光經營一個地區就有得忙了，還沒想到要擴散到整個非洲去，我目前也還沒遇過這種臺商。連前任的非洲臺商領袖吳總會長，他在奈及利亞一個月進口非常多貨櫃的輪胎，正新輪胎也想請他代理進軍南非，但他沒有興趣。原因是他對南非市場不熟，而且他在奈及利亞的事業已經太忙碌了。他還有個弟弟被派駐到布吉納法索經營，占有當地 90% 的輪胎市場。」

「另外我有一位好朋友孫小姐，來自鹿港，在南非東開普省坐擁一個八萬公頃的農場，這算不算臺商投資的案例？她的農場太大了，所以她請了三個白人幫她管理，只要每年交出固定產量的農作物就好了。但她的本業其實也不是做農場的，而是經營小家電，生意也非常好，是一位非常成功的臺僑。」

「在南非有另一位臺商宋先生，回來臺灣都會和我們噓寒問暖。最近他也常飛澳洲，因為在那邊新開了一個養雞場，大約有九百萬隻雞。養雞現在是暴利事業，每一公斤的雞肉只要餵 1.2 公斤的飼料就可以養成，換肉率非常高。他也跟我分享過，他準備了三千萬美金要去投資史瓦帝尼的農業，因為四歲時，爸爸在農耕隊曾帶他去過史瓦帝尼，對那邊有感情了。宋先生不僅只在非洲投資，他也在屏東投資了一個科技養蝦場。這些都是南非僑胞的成績。」

非洲地區臺商組織的互動仍顯不足，有待進一步整合，才能形成協力網路。不過，他們的經濟實力仍可觀。孫前理事長表示：

「雖然全非洲有 24 個臺商會，但他們彼此並不是都很熟識，大部分是同地區的互動較多。我曾問過坦尚尼亞臺商會會長，整個坦尚尼亞有多少臺灣人？他回答我 20 個，包括他們家的人。所以你碰到最活躍的臺商，絕大多數是南非九省的僑胞，他們雖事業成功，但是也希望我若有帶團到非洲其他國家，也能夠讓他們參團，因為他們對東非、中非、西非都不熟悉。他們表示，非洲除了南非之外，他們也都不熟悉，所以想跟著理事長的團熟識非洲。」

「現在要增加非洲臺僑人數不太可能的，因為臺灣人有落葉歸根的特性，習慣告老還鄉或衣錦還鄉，有很多非洲臺商回臺置產。世界臺商總會在全世界六大洲各有一個總商會，非洲總會下共有 24 個臺商會，不但數

目不大，且會員人數也不多。在僑委會的調查之下，全世界有四萬名臺商，我認為非洲總會的 24 個臺商會加起來，應該不到一萬人。重點是，兩年前花蓮震災時，世界臺商會發起捐款。北美臺商會有個很有名的規則，不管為什麼事捐款，他們都是固定每人捐出一百美元。而非洲臺商會募款時，一捐就是一百萬 Rand（鍰，南非幣，約 220 萬臺幣），好幾個臺商都是如此，最後一下子就達到捐款目標一千萬 Rand（約二千二百萬臺幣），也是六大洲臺商會中捐款金額最高的。」

「非洲的僑胞和其他地區的僑胞非常不同，由於非洲幅員廣大，又很容易賺到錢，所以他們的個性普遍非常豪邁大方。」

有關非洲議題臺商市場開拓，以及政府部門可協助之處，孫前理事長提出建議如下：

（一）非洲來臺簽證：

建議外交部接受大家的想法，主動派領事官去非邦交國，建置行動辦公室幫忙辦理簽證。非洲商務人士或來臺就讀學生若真有來臺需求，行動辦公室當場就可以審查文件及批示簽證，大家不用跨國跑那麼遠，只為了一個臺灣簽證。

過去二十年來，迦納商務人士或學生來臺都很麻煩，讓他們去奈及利亞辦理簽證。為什麼一定要經過那麼多國家到交通不便的奈及利亞去辦簽證？花費太多時間，迦納當地的商界大老來臺採購願意就低了；工人、學生要來，大費周章去奈及利亞三天，可能因為他們銀行戶頭存款不多，最後根本也簽不到。

（二）非洲菁英爭取：

嘉義氣候很像南非，所以每年10月底南非駐臺代表處都選嘉義舉辦南非文化活動，全臺灣有八千個南非人，有散居的四千人住在嘉義，且這八千人裡有三千人是英文老師。對這些人而言，有舒適的環境跟工作就願意留在臺灣。

例如全世界只要是英語國家來臺我們都歡迎。而臺灣人想學的所謂好的英文（如美式英文、英式英文），美英人才來臺意願較低，我們便可爭取非洲二十幾個英語系國家的優秀人才來臺教學。

（三）非洲留學生服務：

每次一跟非洲國家斷交，就把這些非洲學生趕回去，不合情理。有些學生再幾個月就可以畢業了，如果可利用公私力量來協助，企業可捐點小錢，幫助他們。

「像上次斷交的布吉納法索，學生其實沒多少個，他們學生很乖，很有教養的。國王把他們的國名改成布吉納法索，布吉納代表高貴的，法索代表祖先的土地，意味著他們認為布吉納法索是一群高貴的人民住在祖先的土地上。當時布吉納法索的學生在斷交後，就跑到大使館哭鬧，我的很多好朋友都打電話來說糟糕斷交了，那接下來我們要怎麼幫臺灣？那時候學生被趕回去，現在那些學生都在北京，中國把他們都接收了。如果當時能讓企業協助幫忙讓學生在臺順利畢業，這些學生會更感念臺灣的好。」

如何看待非洲市場，如何開拓商機媒合？應有較大想像空間，孫前理事長指出：

「您這個問題其實很大。非洲共有54個國家，約14億人口，但是

到 2050 年，預估會達 40 億人口。因為目前世界前十高生育率的國家，有九個位於非洲，包括我們前邦交國布吉納法索，導致非洲的平均勞動年齡只有二十幾歲。這樣的人口紅利，是非常適合投資的環境，勞工來源很可靠。」

「至於要賣什麼比較適合？因為非洲獲利率高，任何產品都是商機，而我們協會存在的最大價值就是進行媒合，讓供需兩邊的人可以盡早互相認識（Match Making）。例如去年我們有會員入會，他的事業是將臺灣淘汰後的二手衣服出口到奈及利亞，數量有 18 個四十呎貨櫃之多，做的是抽取衣服纖維再利用，可以將纖維放到製紙的過程中，讓紙的纖維變長，做出品質較好的紙張。而臺灣的的紙纖維短，紙質並不好，若需要品質高的紙張，通常要從加拿大進口處女紙漿製作的紙。因此非洲其實商機無窮，什麼都有人買。」

「我剛剛講到這個例子的用意，是在說明非洲『萬物都需要』，任何東西都可以是商機。因為非洲國家的經濟特點是，沒有經過農業革命，種子撒下去就等收成，並沒有農業科技的輔助，也未機械化。因此非洲有 60% 的可耕地，而臺灣才 16%，農業發展的商機無窮。」

「從衛星圖來看，撒哈拉沙漠以南土地，也就是所謂的『黑人的非洲』是非常肥沃的，完全是處女地。而臺灣的可耕地非常少，中央山脈就占了 70%，沿海的土地亦不能耕種。在稀少的可耕地情況下，臺灣人卻能種出一年三百多萬噸的米，很不簡單。我的意思是，非洲的土地若能好好運用，其實可以養活非常多人的。舉例來說，西南非洲的大國安哥拉，全國可耕地僅使用 2%，雖然還沒辦法養活該國三千多萬的人口，但自給率卻是高達 50%；如果可耕地使用到 4%，就可以達到 100% 的自給率了。因此對於糧食危機我是不太擔心的，我認為非洲非常有潛力。」

　　有關中國在非洲的商業活動和認知，孫前理事長亦提出其觀察。他說：

　　「這次也因為新冠肺炎遇到很多困難，非洲許多國家想趁這個機會免去欠中國的債務。除此之外，非洲人對於中國人的行為也已經厭倦，包括他們的不禮貌、狼性，以及對非洲員工的虐待事件。最重要的是，因 2020 年 4 月非洲人在廣州被毆打的事件和非人道待遇，導致有三個大陸商人在非洲尚比亞被謀殺。」

　　「其實在疫情之前的四年間，我在非洲各國的經驗是，許多非洲人主動提到他們不喜歡中國，且商業上只購買臺灣貨，企業上領袖因為也吃過中國的虧而不購買中國貨。這樣長久的累積之下，再加上中國本地工資暴漲、物價變貴，許多中國地方的鄉下人整個團隊到非洲做工程，反而搶走當地人的工作機會，變成他們的威脅，導致對中國人的仇恨加深。」

　　「十年前有一次我去安哥拉，因為那邊的人極度不友好臺灣，好不容易才拿到安哥拉的簽證。當時我住的旅館四周，有七個中國工地，經過時看到裡面已經架好鋼架，而且堆滿了來自中國的建材貨櫃，裡面的工人都是中國人，甚至連掃地的歐巴桑都是中國人。中國的建築速度雖然是世界第一，但我很多當地的朋友都不敢去住。全非洲最大的中國旅館在莫三比克，正好在我們最常住的旅館隔壁，如果去當地出差，都會想去那邊吃吃中國菜。但是我們如果去敲旅館的牆壁，會發現是空心的，連我們莫三比克的代理也不敢進去，怕建築物會塌掉。中國生產的東西在名聲上一直都不好，我認為已經到了一個臨界點。我估計是三到五年的時間，但是可能延長到五至十年，因為中間剛好經歷了新冠肺炎，以及廣州虐待非洲人事件，廣州的黑人大多來自西非的奈及利亞，也是非洲最大的經濟國，估計有 8-10 萬人在廣州。」

　　有關臺灣年輕世代在非洲做公益、二代參與非洲市場，孫前理事長表

示：

「象牙海岸趙會長請我向年輕人呼籲，非洲是個很有機會的地方。而這四年來我在各大專院校的演講都提到這點，很可惜目前沒有任何一位年輕人因為這樣而立志要到非洲賺錢，讓自己的生活更精采更富挑戰性。可能是因為他們不相信，因為沒有眼見為憑。」

「非洲有很多可憐的難民，例如南蘇丹的內戰導致當地 100 萬的難民流離失所，而被烏干達收留。在那邊有一群來自臺灣的教會年輕人，也和我們協會很熟，在那邊做慈善，一個是『舊鞋救命』，因為沙地上有沙蚤，沙蚤寄生於人，導致皮膚紅腫潰爛，嚴重時甚至影響性命，因此有穿鞋子的話就可以保住性命。另一個慈善機構是『愛·女孩（Love Binti）』，Binti 是當地的語言，執行長是劉兆雯。當地的女生在經歷月經時，沒有錢可以買衛生棉，只能放任經血直流，每當經期來時，都不敢去上課，怕會被同學嘲笑，因此每個月都會缺課一周左右。『愛·女孩』在那邊做的事，是利用七片布做成一片布衛生棉，共可以手洗 360 次，並且教這些當地女孩縫製技術。」

「有一次我在聊這件事時，南非駐臺代表聽到後表示，南非也非常需要這個協助，南非雖然發展程度較高，但是鄉下地區仍很迫切需要這個產品。話講回來，我的會員裡有人做衛生棉，也有安安成人紙尿布（富堡企業），富堡跟我說，他們絕對要到非洲設廠。除此之外，最近最流行的口罩產業，我們會員也有華新醫材（口罩國家隊）。」

「現在年輕人不願意去非洲，我認為不是很正確，因為這些老臺商最後告老還鄉，但是他們還有小孩留在非洲繼續打拼，不願意回來臺灣。那邊其實還有很多的臺灣人，只是可能都講法文、英文了。比起臺灣，他們對非洲更熟悉，也更有感情。」

近年「臺灣非洲經貿協會」活動相當活躍，且與非洲國家駐臺經貿成員友好互動，顯然與作為非洲臺商靈魂人物孫前理事長的熱心會務、積極參與、服務周到有關。尤其是孫前理事長外語溝通能力良好、願與非洲友人熱情擁抱，並為他們排憂解難，皆為 TABA 會員所樂道。此外，由於孫前理事長任內表現稱職，僑務委員長童振源於 2022 年 1 月 3 日特頒「功在臺非」表揚獎牌。此外，臺灣非洲經貿協會並榮獲內政部「110 年全國性社會團體公益貢獻金質獎」，在在顯示孫前理事長領導之社團貢獻和認同。

客觀而言，作為民間社團賦予的職能和角色有限，必須主動開創、協調與服務才可能有績效，但對部分事務和目標未能如願完成也不乏無奈和挫折。例如，涉及公權力部分，政府相關部門與首長雖能在情理方面給予通融和支持，但法制面和官僚體系的僵化、不願承擔責任，則對臺商經貿利益開拓、非洲經貿與人員交流、具潛力的非洲菁英互動，以及斷交後當事國留學生之後續安排，都有檢討和策進的空間。

孫前理事長對臺年輕世代，和非洲臺商第二代的發展亦相當關注。在其任上也希望促成臺灣年輕世代能赴非洲實習及蹲點，並了解、體驗當地市場之特性和真貌，並期望和「非洲臺灣商會聯合總會」（Africa Taiwanese Chambers of Commerce, 簡稱 ATCC）共同合作創造商機。事實上，在非洲臺商不乏具成功經驗的廠商和產業，也有意願提供機會和條件予臺灣年輕世代，但恐須更完善的準備、溝通與協調，才能促成世代對話、交流和鏈結，或許以孫前理事長之人脈和熱情，仍能助臺灣年輕世代一臂之力。

孫耀亨：任約堡環保首長，臺灣之光受推崇

　　孫耀亨出生於彰化鹿港，曾居住在臺中，國小畢業後隨父母移民南非。目前擔任有南非經濟首都之稱的約翰尼斯堡（以下簡稱「約堡」）環境基礎設施局（Environment and Infrastructure Services Department）局長，之前也曾任職公共安全局（the Department of Public Safety）局長。此一行政歷練不僅具有挑戰性，更考驗專業和能力。也由於孫耀亨的傑出表現，與具親和力的互動模式，使其深受肯定和好評。

圖 1：南非共和國在非洲大陸地理位置圖

表 1：南非共和國（Republic of South Africa）

獨立時間	1910 年南非獨立成為南非聯邦，1961 年成立南非共和國。
首都	行政首都（中央政府所在地）為普勒托利亞 立法首都（國會所在地）為開普敦 司法首都（最高法院所在地）則為布魯芳登
地理區位	位於非洲南端、南大西洋與南印度洋交會處。
官方語言	憲法規定共 11 種官方語言，包括英語、斐語（Afrikaans）、祖魯（isiZulu）、柯薩語（isiXhosa）、索托語（Sesotho）等。

面積	約 122 萬平方公里
體制	憲政共和國／單一議會制（總統由國民議會選出，任期 5 年）
元首	拉瑪佛沙（Cyril Ramaphosa）
國會	眾議院國民議會（National Assembly）400 席次，按政黨得票比例分配。
幣制	鍰（RAND, ZAR）
GDP	9,047.4 億美元（2021）
Per GDP	14,720 美元（2021）
人口／ 結構	6,014 萬（2021 年）
民族	黑人占 79.2%；白人占 8.9% 有色人占 8.9%；亞裔占 2.5% 其他／未指定則占 0.5%
宗教	78.0% 基督宗教（58.3% 新教、19.7% 其他基督宗教教派） 10.9% 無宗教；4.4% 非洲傳統宗教 1.6% 伊斯蘭教；1.0% 印度教 2.7% 其他信仰；1.4% 未知
時差	較臺灣時間慢 6 小時。
主要輸出 項目	礦產及加工品、貴金屬、汽車、基礎金屬、機械設備及零件、電子設備 及零件、化學品
主要輸入 項目	機械設備及零件、電子設備及零件、影音設備及零件、礦產加工品、化 學品、汽車及零配件

資料來源：外交部全球資訊網、IMF

幼年移民南非，自食其力刻苦奮鬥

　　孫耀亨中學以優秀成績畢業，大學在南非攻讀法律。由於父親早逝，故必須靠其刻苦努力、提升專業素質，才逐步在異鄉約堡嶄露頭角。此外，在臺商群體中，孫耀亨亦曾擔任「非洲臺灣商會聯合總會」（簡稱「非總」）第 21 屆會長，現則在 28 屆「非總」簡湧杰會長任內擔任監事長一職，持續服務臺商。

　　孫耀亨擔任地方行政首長，和其參與之政黨有關。孫已入籍南非，並

為其「民主聯盟」（Democratic Alliance）政黨成員。在約堡政治運作是採「內閣制」，行政首長皆由議員擔任。在當地選舉中，「民主聯盟」並未取得多數席位，因此須聯合其他政黨共同執政。孫耀亨在選舉中是「不分區」議員，其性質有點和臺灣「不分區」立委相近，但是孫耀亨在其選區（79 區，黑人居多），仍須努力經營、互動和服務，且獲取法定票數才能當選議員。也由於其議員身分和專業能力，才獲其「政黨」推派擔任公共安全局和環境基礎設施局局長。孫局長即曾介紹當地政治運作：

「南非的選舉，主要還是要靠加入政黨，但當然可以是獨立的候選人，不過那非常的困難，而且能夠當選的人也非常的少。我們的任期一任為五年。在南非比較大的城市議會、省議會還有國會，參政者都是有政黨背景的，也和臺灣一樣有分區和不分區。我在 2006 年的時候，參與了約翰尼斯堡市議會的選舉，我競選不分區的議員，當時我的政黨還是反對黨，到了三任連任的時候，開始有了變化。這個政治的變化就變得相當明顯，特別是在我住的這個城市約翰尼斯堡。2016 年的地方選舉，我們與其他的黨組成聯合政府執政，我被委任為約翰尼斯堡的公共安全局局長，直到 2019 年 10 月份卸任。」

如何擔任約堡不分區議員？孫耀亨表示：

「原則上是這樣，但是和臺灣有點不一樣的地方是，我們雖然是不分區，但我們都還會被派到一定的選區，我當時要負責兩個選區，還是要去拉票。雖然在選舉之前，不分區的名單都會確認了，但是還是會依照你負責的選區得票率來做一個評估。所以我們每一年都會有一個考績表現、選民服務各方面的評估。雖然是不分區，但是選區選票的工作責任還是很重的。」

任公共安全局長受肯定

南非約堡的公共安全局不是一般認知的公安、警察，實際其僅是公共安全局一部分職能。其管轄領域尚包括消防救護、災難管理、監理所（汽車駕照、管理）和智能監控（智慧城市組成部分）等安全事務。此外，在環保部門，則包括一般認知的環境保護、汙染處理，尚有涉及水力、電力公司和垃圾處理。此三項職能主要由三家不同的市營公司主導，地方部門參與協作。在「約堡」這兩個行政單位各約有一萬一千人左右，環保基礎設施局今年則會擴編至一萬三千人。部門管理、工作目標和市民要求，任務相當繁重。

談及近期許多臺商關心的南非暴動和治安挑戰，孫局長分析其原因，和社會結構失衡，主要是貧富差距大、失業率高、教育程度低，以及社會矛盾惡化有關。他分析指出：

「南非的這個社會問題，包括貧富懸殊、就業、失業率，都是非常嚴重的問題，教育程度普遍很低，也是一個長期的現象。有時候我們這些議員到一些比較貧困的選區去服務的時候也很無奈，因為你要單靠政府的力量去改變一個幾十年來的情況，那當然是非常非常困難的，而且南非的失業率高達將近百分之四十，而且在最主要的階層，年輕人的失業率是更高的。他們的就業年齡很年輕，可能十六、七歲就要出去找工作，學校那邊就不讀書了，但是他們工作的年齡也很長，因為他們沒有經濟能力去退休，就要一直工作到六十歲、七十歲。所以在十幾歲到三、四十歲的區間失業率是最高的。」

治安挑戰存在社會結構矛盾

「我覺得南非的社會大結構，受到以前種族隔離政策的很大影響。在曼德拉時代時，南非人普遍沉浸於一個比較『浪漫』的想法，種族隔離政策後，對革命太過理想化，還有革命英雄的治國能力，也是比較受考驗的。那人民在革命得到解放之後的國家治理就是一個很大的挑戰，尤其是種族隔離政策廢除的 1994 年後，對人民來說生活還是很有挑戰，貧困線下的人民還是占大多數。雖然種族隔離政策廢除之後，人民得到自由，但在自由之下，他們該何去何從？還有整個社會、經濟的發展並沒有被解決，南非政府在這個議題上，也沒有比較完整的政策規畫。1994 年後，政府對於國家經濟的下滑、什麼時候得到復甦、國力如何再進一步的提升，這些議題都必須從政策面去下功夫去解決，尤其一些社會問題，更是非洲面臨的重要議題。」

在南非消費偏好、產品，以及不同階層，皆有其特色。孫局長表示：

「南非人在消費習慣上，通常使用信用卡或簽帳卡，而且也都非常捨得花錢。例如市場上有款新車上市，他們很快就會去購買，甚至還會去借貸來買車。另外非洲人對於高科技、高端的產品，或是一些精品，都需要排隊才能買到。我想和臺北 101 的 LV 排隊，也是一樣道理。在這個過程中，新的、高級、流行的商品在南非市場還是有一定的簇擁人群。早期一些比較中低端的商品，是印度人在參與這個市場，所以這方面的零售、百貨大多是印度人在經營，到現在他們依然有一定的市場占有率。」

「可是到了這幾年，大陸商人開始加入這一塊，開了很多小商店，零售百貨和進口批發，很快地就占領了這個行業和領域，所以像零售業這塊，商機和空間就相對受到比較大的影響。尤其是，有一些商城，從中國進口

很多中低端的商品，裡面應有盡有，其他人很難跟他競爭，所以這個市場差不多就是被大陸人占領了，臺商可以操作的空間就受到比較大的限制。」

臺商市場參與仍有空間

儘管如此，擔任「非總」孫監事長仍認為臺商在南非市場有努力的空間。例如，南非商品不善於包裝，即使有好的商品，但因包裝差，賣不到好價錢，十分可惜。臺商的優勢也可以朝創意的點子、包裝、行銷和通路去著手。此外，南非亦有不少好產品賣到海外價格非常昂貴。例如有一款實用保養品叫 Bio Oil，可擦拭懷孕後妊娠紋。海外價格大約比南非國內高二、三倍，十分不合理。因此有市場空間。

南非臺商二代接班問題也逐步浮現。其中不僅有在產業結合差異性，並和世代教育和專業不同有關。因此，未來隨著臺商圈年齡層偏高，二代接班率相對偏低，將對臺商圈結構產生影響。孫監事長表示：

「我覺得這在南非也是比較嚴重的問題。我認識的臺商二代裡，大約有七到八成的第二代不接班，這個比例還可能更高。我認為主要原因是很多臺商二代從小培養的方向，和日後所學的專業都與家庭事業有差距。舉例來說，我也算是自己出來創業的，現任的非洲臺商聯合總會的總會長簡湧杰也是自己創業的臺商二代，他的事業非常成功。所以二代接班確實算是一個比較結構性的轉變和問題。」

臺商二代接班面臨挑戰

針對臺商非洲投資，孫監事長也提出他的觀察和建議。他特別提到語言溝通和遵守法律的重要性。他說：

「最主要還是語言、文化的差異，在南非還是以英語溝通為主，華人和非洲的文化差異還是比較大。但一般來講，臺灣人的適應能力很強。當然也有人因為部分非洲人教育程度不高而認為他們不聰明，但事實上並不是完全盡然的，這可能關係到雙方之間的交流方式，或是彼此的教育方式不同，語言習慣表達出來的落差。在這裡面，怎麼樣做出比較好的溝通，對彼此來說，都有一個相互學習、適應的過程。」

「另外，南非的法律規範也是相對較嚴格的國家。一般人對於非洲都會有一個錯誤的既定印象，認為非洲國家比較落後，或是法律制度一定都不健全啦，好像給政府、官員一些好處，就可以賄賂他們，解決問題，但其實這些都是錯誤的印象。以臺商過去的經驗來講，有些人靠一些關係去做事，其實反而很多人都被騙，或是掉入一個陷阱。總體而言，語言溝通和遵守法律這部分，還是非常重要的。」

孫監事長也提醒如何教育和訓練當地員工，並強調培養種子教官的必要性與功能性，他表示：

「因為語言、文化的不同，在非洲培養和帶領員工是和臺灣或者是華人社會有一定差異，必須要透過教育訓練來培訓當地員工，這是一個必須努力的方向。例如說，非洲人因為文化習慣的不同，或是教育程度的差別，他們一開始無法去做太複雜的工作，所以可以先讓他們從簡單的工作開始培訓，再逐漸強化、深化工作的難度。一般基層的勞工，教育程度的確不高，英文也不是他們的母語，所以和我們進行語言溝通的時候，會存在相當的障礙。另外還有一個比較好的方法是，你可以培養學習能力強，有領導特質的當地人，培訓他去領導員工，類似作為一個種子教官。透過種子教官，用他們當地的方式去帶其他的員工，這種效果會比較好。」

文化異同與調適

雙方文化差異的認知、理解與包容，或也能創造新形態的僱傭關係，有助經營效率與和諧關係。孫監事長分享其觀察表示：

「非洲人的工作方式非常有特色。例如在臺灣，公司老闆都會覺得說，員工上班做事就做事，不喜歡員工上班有在玩的感覺，但是南非人他們上班的時候，喜歡熱鬧氣氛、唱歌，這種文化給他們在工作上帶來動力和緩解工作的辛勞。所以如果不了解他們的話，就有可能產生認知差距和摩擦。如果能夠在文化的層面上去理解他們的話，產能更能提高。」

此外，關於工會的角色，以及較為企業頭痛的罷工問題。孫監事長在訪談中指出：

「南非新勞工法制訂之後，工會被賦予強大的權利，勞資雙方一旦有衝突，工會有權發起罷工或是抗爭，嚴重的話甚至會發生暴力事件。這些情況都是企業老闆非常不願意見到的。南非的勞工法確實保護勞工、重視勞工的權益，但對企業來說可能就比較麻煩。企業老闆也許可以因為員工表現不好就扣薪或是解雇，但是在勞工法中，是不可以隨便這樣做。工會原則上不會接受這樣的待遇。雙方碰到此類問題就需要律師來從中做協調，有些涉及加薪、福利的問題，也都讓雇主比較頭痛。是否每次都只站在法律的角度，來維持一個和諧的勞資關係，就是一個很大的挑戰。」

針對臺灣與南非在文化面和習俗，是否有與臺灣相通或是相近之處可供了解。孫監事長舉了個例子：

「在地化的方面，非洲有些風俗民情和臺灣也是一樣道理的。比如說，之前部門裡的同事殉職，我們到他的家裡去慰問、探望，結果他的家人說，

希望可以到事發的現場，老人家帶著樹枝到現場去繞圈圈，呼叫著亡者的名字，帶領他的靈魂回家，這個我想在亞洲也有這樣的習俗。」

「另外一個例子是，非洲現在依然保留結婚聘禮的習俗，男方要給女方一定的聘金，最早聘金是以牛來計算，這和中華文化非常相似。至於說，為什麼這些習俗這麼雷同，這背後是不是有什麼歷史背景，我想都是值得來進一步觀察探討的，包括相互之間，對於種族特質、文化特性，還有人民的信仰的了解，都是值得深入理解的議題。」

臺非經貿關係待改善

在如何促進臺灣與南非經貿關係上，孫監事長提出要有戰略性的觀點和遠見。目前雙邊貿易額相當有限，臺灣貿易排名是第 38 位夥伴並不意外。當前對於低門檻的產品，或是基本沒市場亮點之物品，應難有市場空間。此外，近年來自臺灣的公司，或是代表性的產業到南非的都較少，顯示雙邊經貿關係弱化。未來數年臺非經貿關係，應有戰略布局和規畫，也要發揮臺灣具有優勢的特點，如科技、創意和行銷。「儘管沒有外交關係，但是臺商仍有發揮空間。」孫監事長表示。孫監事長在臺非交流的議題上強調，應有更功能性的安排。例如，臺灣科技業的強項，以及在防疫表現，都可以強化跨界經營和總結經驗。尤其是在防疫方面，臺灣不應只停留在送口罩和防疫用品上，可以結合臺灣防疫成功的經驗分享。例如，人民如何自律戴口罩、如何有效封鎖病毒傳播、接種疫苗的必要性、如何提升人體免疫力宣傳，以及定期疫情通報機制等。此外，臺灣優質的經驗也可交流，例如臺北市垃圾處理成功經驗等。

心繫臺灣，臺灣之光典範

雖與孫監事長素未謀面，疫情中實地訪問也存在困難，只能藉 google meet 平臺交流對話。在訪談和言談中，孫監事長雖日理萬機，但仍能感受到他謙恭、友善、儒雅、專業，並具親和力的特質。尤其是其對家鄉臺灣的表述和臺灣親友的連結，也偏好臺灣的美食，能感受到他對臺灣真摯情感的一面。因此，從孫耀亨在異鄉國度專業的表現和社會融合、為華人世代服務的使命感、為人處事的周到和對臺灣的認同，真是臺灣之光的典範。

陳阡蕙：任南非國會議員，奉獻公益受讚揚

臺商陳阡蕙，在南非政壇中榮任第二至四屆國會議員。更為難得的是，她在公私繁忙日程中，仍積極參與南部非洲孤兒照顧和社會公益活動，奉獻心力。此外，陳會長亦擔任「世界華人工商婦女企管協會」第 11 屆總會長一職，服務全球華人婦女工商界領袖；2021 年 10 月 10 日國慶大會，陳阡蕙尚代表僑胞於大會致詞，表達支持政府心向臺灣的情懷，得到僑界積極的肯定。

陳會長在年輕時代即旅居南非，在市場參與有多元的歷練，目前主要從事服裝業。在此一市場亦透過上游的專業設計，品牌策略聯盟，爭取市場優勢和主導權。陳會長表示：

「我們公司是做服裝業的，最主要就是從設計開始，一年大概有四個季度，要介紹給我們在南非所有的連鎖商店、大型百貨公司，主要是以南非人為主的中高級服飾，例如美國的 ZARA 等，但完全的在地化。因為早期我們也是做進口的，但後來進口行業跟大陸競爭會形成非常大的衝擊，面臨削價競爭。」

「臺灣大紡織廠從事外銷，主要是跟著《非洲成長與機會法案》（African Growth and Opportunity Act, AGOA）的優惠政策走，因此當時很多工廠都跑到賴索托，甚至到史瓦帝尼設廠，都是因為《非洲成長機會法》。反觀，我們在南非長期駐紮的就必須以在地化去進行，但如今這些大企業也必須去做轉型，因為《非洲成長機會法》的優惠條件已經取消，應該是在兩三年前，所以紡織廠就有可能變成代工廠。從成本分析去看，可能會覺得非洲的工資很低，但事實上非洲的工作效率也不高。因為他們只能你說一做一，說二做二。但說一到三，從頭做到尾，他們就會沒辦法做到。」

此外，近些年來，大陸廠商積極介入服裝市場低價競爭，幸賴品質、信用與客製化努力，得以獲取市場生存空間。陳會長指出：

「大陸在這一區塊成本就是比你低，甚至可以說他們根本沒有成本概念，因為很多陸企背後是國營企業去支持的，所以在價格方面，我們臺灣企業會因為淨利不到 15% 就選擇不進入。但陸企不需要這樣的概念，在這樣的競爭之下，與其削價競爭，不如去尋找自己獨特的市場，建立自有品牌，鎖定固定的消費群，而這也是大陸人想要進入，但進入門檻較高的一個區塊。」

「我們公司的走向是透過與連鎖店家或百貨公司成為一個夥伴關係，不只是一個單純的供應商，更要讓對方覺得你是可信的。舉例來說，因為南非的匯率變動很大，導致你半年前接單，但半年後匯率不一樣，形成成本落差。如果是陸企的話，他不願意去承擔這些成本，甚至今天匯率太差，他們就選擇不交貨了，導致這些連鎖商店或百貨對陸企缺乏信任，因為跟你合作，你卻因為沒有利潤就單方面毀約。反觀我們臺商做事情的重點在於『誠信度』，被對方認可你是個可以長期合作的夥伴，也是與大陸相比可以進一步的地方。同時，臺商自我要求的品質及技術也較好，在訂單上會盡早提供給客戶。但陸企則比較被動，需要提供樣品才願意生產東西。我們主動提供客戶樣品及建議，並提供設計概念，創造供應的附加價值則相對較多。早期我們也大多認為以量取勝為目標，量大的東西比較簡單，而工廠也喜歡生產這種東西，因為一張單子下去，代表工廠可以生產好幾個月，也意味著機器不需要去修改。」

論及臺商的商機、南非商業生態，以及臺商的發展挑戰，陳會長亦有其觀察與分析視角。她表示：

「至於在南非有錢人也是很多，但是貧富差距很大。過去南非經濟型

態為獨裁式的企業，大多掌控在英國人的手上。且在上游企業發達，上下游或許還可以，但中間卻存在斷層，例如在開礦或是重工業技術上都很屬害，但鑽石開採出來後沒有再去加工做成成品的技術，導致鑽石出去給人代工，再從國外銷售回來。變成從非洲原石出口，以低價賣給別人加工，再回來賣當地的產品，導致利潤在中間就被國外企業給剝削掉了。南非有上下游產業，卻缺乏了中間的中小企業。對臺商而言，中小企業則是我們的強項，我們進去的時候則是可以補充南非他們不足的區塊。從 1985 年開始，我們從臺灣去移民的人就很多，一方面南非政府也給很多優惠政策，同時也到臺灣來做了很多宣傳。」

「身為在南非落地生根的企業，我其實非常期望有更多的臺灣企業來非洲，因為我們也與有榮焉，畢竟臺灣在這邊投資這麼多。但看了這麼多次的商展，也接待過很多次外貿協會的人員，我認為很多人都是用旅遊的心態，並不是真正的來做生意。因為外貿協會有補助，所以覺得來看看、來玩玩，有點像是來充人數的感覺。」

臺商非洲經營近年挑戰日益尖銳，分析其原因和臺商單打獨鬥性格、配套條件不足，以及自我意識封閉有關。她說：

「非洲的商機是非常大。而過去臺灣企業到那邊會鎩羽而歸；主要有兩個原因：第一，缺乏經驗；第二，缺少一條龍的配備，導致在缺乏配套措施的時候，難以達成成果，如原料的取得。因為在非洲上游企業是壟斷式的，並不是有錢就買得到原料，而這也讓下游企業難以去發揮。我曾問臺玻公司，玻璃產業應該在南非是非常需要基礎的東西，如果價格跟品質可以控制，我相信可以打開市場，但他們認為非洲的原料取得及基礎設施不足，導致無法配套。我的觀點是如果這是我個人的企業，我願意去想盡辦法克服一切困難。或許會存在很多關卡，但非洲人那麼多，像當初非洲

人不穿鞋，我去到非洲賣鞋一定能夠做得很好。如何把這個產業做好，也是需要經過一番研究，我當初也是繳了許多學費，才慢慢地走過來，站穩住腳步。到非洲創業不能照搬臺灣的模式，或是把原本經營企業的模式帶到非洲去，這是行不通的。因為這個地方的人文及思維方式與亞洲人不同。在臺灣我們有一套帶員工的方式，我們可以把人事管理得很好，但到非洲卻不見得行得通。不是你對他好，他就很認真做事。非洲人反而是你給他一根手指頭，他就整個手掌拉過去，所以拿捏分寸需要很小心。」

「南非臺商大約七、八千人左右，人數是越來越少。因為進軍非洲的這塊市場，臺商很多都是單打獨鬥。另外，他們的生活品質條件就是比較差，所以第一代移民的就願意去承擔這樣的挑戰及痛苦，但第二代可能就不願意了。」

陳會長較為人所稱道的是其全心經營的阿彌陀佛關懷中心（Amitofo Care Center，簡稱 ACC）。該團體為一國際非政府組織（INGO），主要服務非洲因貧窮戰亂、天災肆虐、愛滋蔓延而痛失父母的非洲兒童。該中心是由臺灣慧禮法師發起，並多方募款於馬拉威建立第一所佛教孤兒院，並陸續於賴索托、史瓦帝尼、納米比亞、莫三比克、馬達加斯加等六國設七所孤兒院，並提供教育、語言和文化學習，估計已有八千位非洲孤兒得到關照。

陳阡蕙目前擔任 ACC 執行長，每年七個院區已統籌募款要求約 300 萬美金，其中 70% 是來自臺灣。陳會長特別感恩臺灣社會的愛心無國界。她說明了 ACC 創立背景、經營理念、面臨挑戰和感受。她表示：

「阿彌陀佛關懷中心，最早開始是慧禮法師發起。因為佛光山的因緣到南非蓋南華寺，慧禮法師發現非洲的孤兒很多，但認為非洲的小孩更多的是需要教育。如果沒有教育，僅提供吃、住，以後出社會了還一樣是遊

民，一樣沒有辦法改變。這個理念我非常贊同，因為非洲就是教育不足，才會有這麼多的貪腐，這是貧窮的惡性循環，所以我才把國會的工作辭掉，因為我覺得做這一區塊非常有意義。當初師父的想法是每一個國家都要成立一個孤兒院，但工程太浩大，所以從 2004 年至今，只有成立七個孤兒院，都在非洲不同的國家。第一個是在馬拉威，再來是賴索托、史瓦帝尼、納米比亞、莫三比克、馬達加斯加、南非。在馬拉威有兩個院，目前在非洲總共是七個院在運作，共收留的孩子有二千人左右。在非洲做慈善也是碰到很多瓶頸，因為非洲其實對佛教不太熟悉。他們過去大多是基督教跟伊斯蘭教為主，所以對佛教很陌生，認為佛教是邪教。剛開始推動的時候常常被抗議，說我們虐待孩子，他們表示佛教院區裡面都吃素的，都不給孩子吃肉。」

「我們會帶孩子們去全世界協助慧禮法師募款，去各個地方演出，每個孩子的華語也是講得非常好，會說臺語、國語，甚至能唱臺語歌。孩子就像一張白紙一樣，怎麼樣教他，他就會怎麼樣成長。院區採取中英雙語教育，加上母語文化的維持，在法語區及葡語區國家，院童兼具四種語言的培育。很多孩子們的父母是因為愛滋病過世，有的孩子有愛滋病，有的沒有。但我們不會隔離孩子，而是給予他藥物治療。其實我們有百分之八的孩子是愛滋帶原者，但是都沒有什麼問題，沒有出現哪個孩子是因為愛滋過世，還是被傳染。我們當初也是有考慮要篩選，不讓愛滋孩子進來，但後來我們覺得這樣不是做慈善，我們不能因為他有愛滋病，而剝奪了他生存的權利，所以最後孩子都被帶進來。」

「這次的疫情讓募款變得比較辛苦。我們全部收入也都是靠募款，所以夫妻倆常常帶著孩子全世界跑。因為看著這些孩子成長，會發現人生多了一點有意義的事情，看著孩子有不同的未來跟希望，人生沒有留白。我到南非三十幾年了，對這塊土地也有所感情，剛開始我真的是一無所有，

如今有所成就，這樣也是一種回饋。我當初離開臺灣27歲，我在那邊待的時間比在臺灣還久。因此在那邊有所成就、有所發展，有很多的感觸。在退休後，能夠做這一區塊也是非常開心。」

「這個發展對我們在當地的影響力的拓展是有效果的，對臺商也有所幫助。所以當我們在辦什麼活動的時候，也會常常邀請臺商一起來參與，或是臺商的工廠在辦慶典，我們就會請孩子過去表演，讓當地人看到臺商有在做這樣回饋社會的事情，而臺商也會因為受地方的支持而更積極贊助。同時與當地臺商有一些建教合作的機會，把孩子送去工廠實習。當這些孩子會說中文，經過人格教育後，各方面也相對好一點，可以培養成臺商的幹部，甚至種子幹部。其實與大陸人接觸過，再與臺灣人接觸後，他們其實都心裡有感素質差異，會認為臺灣人是比較言而有信的，我認為也是我們要好好把握的優勢。」

論及臺商的機會優勢和挑戰，陳會長亦有其對應之道。她說：

「在非洲人眼裡也常常會把臺灣人跟大陸人混在一起，所以以前在那邊，當別人問起時會說我來自臺灣，不會說我是中華民國。而真正跟我們臺灣人做生意過的，也會發現我們臺灣人做事情就是有標準、有誠信。此外，臺灣人的科技方面也很頂尖。最後就是看我們怎麼去推展自己的行銷概念，普遍來講它們對臺灣產品的印象，是認為我們的產品是很可靠的。連我們孤兒院的孩子都會說中國製造的東西比較劣質。所以我們的優勢在於我們做事的態度與產品的品質。臺灣出去的企業如果能夠打團體戰，才能夠是個贏家。尤其在非洲的國家，如果是單打獨鬥的話，常常就會鎩羽而歸，這是我們的威脅、我們的弱點：不會打團體戰。可是有時候組國家隊，我們也不見得團結，總歸一句都是要有利可圖，其次分配要分配得好。團體組成也是很重要的因素，例如我今天打的是科技的這個領域，這個國

家隊配套的廠商跟企業是哪一些，都需要有一些配套的團隊才可以達成成效。近年來臺商越來越少，主要有幾個因素：一、價格戰的策略爭不贏中國大陸，長期性失血的事業；二、治安問題；三、孩子長大了，不願意接家裡的企業，導致在非洲人數越來越少，而去的人數字也不高，所以數字就降低了。」

「總體來說，非洲雖然貧窮落後，但它的背後有它的契機，而腐敗的程度，如果越制度化的國家，你的機會相對就越來越少，但如果有腐敗的話，你就有一定的發展空間。從高關稅國家來看，一個貨櫃如果透過賄賂的方式，它就少了至少20~25％的稅金。而成衣進口的關稅是45％，但今天如果一樣從大陸那邊進口，是需要開發票的，我的成本一定就這麼多。可是如果是一人公司，也不用報帳的，跟海關講好，說一個貨櫃給你幾萬，不用檢查直接通過，這樣價差就差很多。大陸人就是喜歡走後門，所以你也很難去跟他們競爭。即便起價是一樣的又如何，他們貨品進來的關稅，就差很多了。所以，貿易這一區塊為什麼放棄？從我自己來看，我就是經不起稅捐處來查我一次。但大陸人沒有關係，他們覺得你抓我一次，就把公司關掉，再開另一家公司。他們可以做的事情，不是我們願意去做的事情，如果你願意給，你就拿得到這些方便。但某些人不願意給你這些方便，就變成是你的障礙了。」

陳會長是於 2000 至 2004 年擔任約翰尼斯堡市議員，2004-2012 年擔任二任國會議員（參議員），之後並於 2013-2014 年擔任眾議員後辭任。換言之，陳會長在南非擔任民意代表長達十五年之久。此一歷練在華人社會發揮溝通、參與和了解的功能，讓一外國主流社會能更重視華人參政和訴求，有助於地主國政治參與多元化，以及華人權益之維護。儘管如此，雖然陳會長參與的民主聯盟（Democratic Alliance）是以「不分區名義」提

供參政機會，但在華人圈要在南非當地仰賴競選方式仍有難度，加上長期種族歧視消弭不易，官僚腐敗，以及結構性弱勢角色，因而伸張民意發揮空間有限，或許是陳會長最終轉型投入公益的主因。

在非洲透過佛教力量與社會公益也存在思想隱礙與實質挑戰。一方面，宗教信仰與當地主流宗教不同，存在認知差距和排擠效應。例如飲食習慣和教育方法都曾受質疑；另一方面，慈善非政府組織僅依賴捐助和募款，中長期之下恐難以為繼，如何透過「以商養道」策略，應是努力方向。此外，陳會長疫情返臺期間，並動員世界華人婦女工商團體成員參與國內弱勢族群救助活動，包括「全臺電動護理床升級計畫」即捐出 747 張電動護理床，顯見其公益與愛心兼及國內外，貢獻良多。

陳會長對臺資企業經營，如何尋找藍海市場生存策略，並規避紅海市場惡性競爭，皆有實務的應變方案。此外，會長亦強調產業選擇、誠信、競爭力提升，以及研究發展之重要性，尤其是如何強化國際觀，適應當地文化、法規和習性之了解，調適管理策略和機制，才可能提升市場生存之可能。從陳會長的市場實務經驗顯示，如何尋找非洲投資之藍海市場、不選擇中低檔進入門檻低之產業，以及強化在地市場之經營和深耕，以臺商之能力專業和彈性，未來仍應有發展空間。

陳秀銀：經商失利陷谷底，賴專與勤成贏家

　　在人生旅途中，二十餘歲即經營紡織業，卻曾讓陳秀銀因配額（Quota）價格錯估而負債八百多萬（當時可買臺北市兩棟房子）；1998年在非洲賴索托（Lesotho）亦曾遇暴動險喪命、破產的打擊，幾乎陷入人生谷底。不過，所幸陳董事長憑其針織專業、堅定意志、勤奮努力、善待員工，以及房地產投資精準，終成為人生贏家。陳董精采的人生故事，是相當勵志和令人讚佩的。

　　陳秀銀董事長介紹其早年人生坎坷的往事，以及在賴索托暴動的驚險一幕。她說：

　　「我出生在臺北縣的三重（現新北市三重區），由於家境貧窮，15歲進入針織成衣廠當操作員，白天做車縫工，晚上上課學習服裝設計，學成之後即自行開設成衣廠。21歲在當時的臺北縣三重自行創業，因不懂輸美紡織品配額市場行情，導致在買配額時嚴重虧損，必須承擔所有債務，當時結束成衣廠時才32歲。遠離家園，來到萬里之外的陌生地方──非洲賴索托王國。」

　　「1992年2月到賴索托，擔任一家成衣廠總廠長四年，後來因臺北總公司老闆結束工廠，我才自行開廠。1996年再度自行創業，開始做代工，工人約二百人，投資五百萬臺幣，其中有二百萬是和姊姊借款。我只有國中學歷，創業時資金不足，又不會英文。」

　　「1998年賴索托的大規模暴動，當天早上我開車在距離工廠不遠的路上，剛好是一段開闊的道路，路上擺放了很多大石頭擋住道路，很多暴民拿石頭與棍棒一直往我這邊丟過來，我祈求觀世音菩薩保佑，告訴自己不能死，除了要養兒子，也不能讓員工頓失所依，我一路開車衝出路肩，最

後才闖過去回到工廠，事後檢視車子，車窗全部破碎，整臺車子幾乎全毀，所幸自己僅受輕傷。」

「1998 年賴索托暴動後，身心俱疲，一度想遠離賴索托，但遷廠需要很多資金及工人穩定度問題，經考慮後，還是繼續留在賴索托經營，咬緊牙關，努力經營，兩年後終於撥雲見日。」

皇天不負苦心人，陳董憑其專業、勤奮和努力，堅持品質與誠信，提升技能和競爭力，企業經營逐漸步入正軌。陳董表示：

「度過了大難，我更堅定了自己的信心，終於在 2000 年獲得海外青創楷模，當時 40 歲，受到肯定。之前的千辛萬苦，終到開花結果的一天感到欣慰。」

「往後公司業務蒸蒸日上，隨著新設工廠的啟用，總員工人數已從創業初期的二百多人成長到三千五百人，營業額也從二百萬美元／年，到四千多萬美元／年，成為一座年產量一百萬打的針織成衣廠。」

「賴索托受惠於由美國所制定的《非洲成長與機會法案》（African Growth and Opportunity Act, AGOA），讓賴索托成為南部非洲關稅同盟當中，美國進口成衣最大宗之國家。早期的免稅規定，及低廉且充沛的勞動力，是推動賴索托紡織業蓬勃發展的主因。」

「我在非洲創業成功的另一個關鍵因素，是始終堅持遵循高品質、價格合理，且交貨迅速的這三個原則，因而能與美國客戶維持長期合作之良好關係，訂單穩定成長。以誠信與品質為經營導向的企業文化，才能讓我的公司在激烈的國際市場競爭中脫穎而出。」

「目前國際市場之競爭，其實非常激烈。非洲的紡織業為了降低製衣生產成本，很多工廠都是找供應商與協力廠殺價，我認為非洲紡織業屬於相對技術水準較低的區域。除了殺價降低生產成本外，管理技能，以及技

術的提升更是重要。為此我親自教導幹部及員工，理解各部門專業流程，加強訓練員工的生產技能，再加上健全的獎金制度作誘因，提高員工生產技術及效率，也同時加強他們的專業能力。」

「另外我也引進電子整合製造。電腦打版馬克系統的使用，較傳統編排馬克之方式節省 20% 至 40% 之時間，也可節省布料的使用量，進一步降低生產成本，提升競爭力。2003 年，我也引進日本田島牌繡花機、四針六線併縫車及 Gerber 電腦打版馬克系統，當時皆為賴索托成衣業界之先驅。」

「我在賴索托的工廠，廠房占地三公頃，產品以針織成衣為主，產品百分之百外銷美國。臺灣、大陸與香港接單，客戶為美國 GAP、科爾士（Kohl's）、好市多（Costco）、沃爾瑪（Walmart）與 Komar 等知名賣場，原料、配件則從臺灣、中國及越南進口。」

賴索托經營紡織業並非沒有風險和挑戰，其中不僅涉及成本高漲、員工管理與優惠政策限制等因素。陳董表示：

「賴索托目前的投資環境，最大的問題在於勞工的管理。近年來，工潮的問題席捲當地臺資所有領域的企業，導致工資成本及各項成本急速攀升。同時，賴索托紡織成衣業，都是依賴大量進口原物料、投入勞力密集的成衣加工，然後發展為出口的產業。目前紡織業面臨的局勢，也影響當地上下游的臺商企業，同樣低迷的景氣效應。」

「其他問題包括：這兩年翻倍成長的運輸費用、高失業率造成的高犯罪率、基礎建設品質不佳，以及疾病的盛行等。再加上國際勞力競爭、《非洲成長與機會法案》即將到期，以及原料不斷翻漲，賴索托製造業景氣正在急速萎縮。賴索托這幾十年的充沛低人工成本與低生產成本，橫掃全世界紡織品市場的優勢，正在快速喪失，丟掉他多年來所占有的穩固地位。」

「賴索托的薪資，是以按月計酬的方式，不同於亞洲地區的按件計酬。因此也普遍存在效率差、績效落後的問題，都是要去克服的問題。」

賴索托當地紡織業投資亦在自動化與研發做努力，以及落實中下層在地化管理機制，才能提升競爭力。此外，陳董亦對員工疾病治療給予關照，陳董指出：

「賴索托的服裝產業也已經進入到機械化產業，每個機臺每一天，要產生多少產能出來，才有辦法抵消工廠的成本及基本費用，都是有指標數據的。許多當地的紡織企業，也都不斷的更新設備，以期在更新之後，相對產能會提高，利潤也跟著提高。由於要不斷的投入，每年的機器投資，也變成是必須，甚至訂出利潤的百分之多少，來做機器的更新和提升。」

「我為順應當地風俗及文化，生產團隊皆由賴索托人擔任中階管理人員，以期達成人和的目標，因此才能從一個二百人的工廠，迅速地擴展到擁有三千五百多名員工的工廠。在幾十年的成衣製作經驗下，舉凡睡衣、裙子、洋裝、背心、Polo衫、夾克、長短褲、運動套裝等等針織服飾，都成為工廠滿足許多國際知名品牌客戶需求的產業經營特色。另外，工廠也提供員工在職教育訓練，藉由工作與訓練使員工在品質及技術層次不斷提升，才能期待員工與企業業績一同成長的目標。」

「賴索托因受愛滋病的影響，成衣產業工人感染率達30%。工廠為協助當地政府防治愛滋病，並照顧愛滋病患，除提供廠內員工病患，免費醫療咨詢服務，並支付醫療機構看診及配藥之費用。」

陳董因管理績效、產品信譽與市場影響力和貢獻，獲海外臺商磐石獎殊榮。這一獎項創立於民國81年，為第一個專屬中小企業的國家級獎項，主要是透過表揚傑出中小企業，以促進企業標竿之典範。陳董介紹獲獎背

景，她說：

「海外臺商磐石獎，目的為表揚傑出海外經營有成的臺資企業，也促進與國內企業商機交流與技術合作的機會，提升華人在國際社會的地位與形象。」

「一直以來，我都在努力擴展長期且穩定的客戶關係，為客戶提供高品質的產品及客戶服務，並以誠信的服務態度，成為顧客和協力廠商的忠實夥伴。即使在剛克服創業初期困境，我也不改變企業務實經營的宗旨，期望成為賴索托臺商，在非洲投資守法守分的模範。因為在賴索托創造了大量的就業機會，也獲得賴索托政府評比為優良廠商。我能獲獎，我想就是因為在賴索托的針織廠領先其他企業，再加上長久以來在業界建立的穩定基礎及良好的信譽。」

陳董在賴索托經商亦不忘服務僑胞、社會公益、重視員工福利和分享，她表示：

「非洲經商幾十年，除擔任多年賴索托臺灣商會副會長，也在世界臺灣商會聯合總會擔任顧問，投入僑界及各項社會公益工作，支持僑界各項活動。除僑社活動外，我也積極參與當地各項公益活動。像是提供資金整修賴索托當地小學、供應學生上課文具、捐款並參與募款、興建當地孤兒院之工程、供應孤兒院生活必需品、食物及衣物等，從未間斷，與當地賴索托人民建立深厚友誼。」

「在非洲投資設廠28年，產品品質廣受肯定，公司不斷開發新客戶，代理更多的世界名牌，在創業初期就算面對美金大幅貶值，我仍克服困境，轉虧為盈。除擴大事業營業外，也設身處地為員工謀福利，提供無息借款給當地工人及華裔員工成家，期盼以個人愛心、客戶誠信，帶入企業用心，善盡企業社會責任與義務，建立企業的優良形象。」

「因為疫情，2020 － 2021 年基本都賠錢，所以有關廠一兩個月，但我都照付薪水，一個月五、六十萬美金都照付，在賴索托只有我這樣做。主要是工人領半薪，幹部領全薪，如果說你口袋不深，要怎麼付，他們都很了解我們的實力，所以他們也都很賣力在做，不管臺人、陸人或菲律賓人都一樣。」

陳董在企業與財務管理方面有其獨到見解和做法，尤其是財務風險管理要求謹慎，應是其企業經營成功的原因。陳董指出：

「公司的資金需求與來源必須充裕，建議以企業獨資，不與任何銀行進行融資，才能隨時掌握資金動態，充分並審慎利用資本市場上金融避險工具，將風險與交易成本降至最低。穩固財務結構，獲利穩定，風險控管嚴謹，有效改善公司財務結構及降低營運風險，維持零負債，零貸款。」

「持續不斷地加強財務專業，及風險控管能力，為營運規模所需之財務做穩健之規畫及準備。因此我的公司才能由初期投資的 17 萬美元，到目前年營業額四千萬美元，成為非洲賴索托紡織業界公認楷模之一。即使在目前疫情局面未穩，要面對全球的經濟通膨，也是一大挑戰，我必須務實處理訂單，不能太大意，以確保財務運作正常，公司營業額目前每年穩定成長。」

陳董人生大起大落的經歷，對人生深具啟示。陳董也謙虛表示成功應歸屬全體同仁一起打拼的成果。她說：

「我小時候家境清寒，因此練就堅強獨立的性格，記得媽媽告訴我並鼓勵我，把吃苦當作吃補。1996 年我在賴索托成立成衣廠，是我人生創業的第二春，心想不能失敗，只許成功否則沒機會了，工廠成立時週轉金很少，只能請三位幹部，其餘很多部門都自己兼職，每天不停的工作，腳踏

實地，每一張訂單都親自控管品質及出口交期，讓客人漸漸信任，訂單才不斷增加，經歷過程很辛酸，常常夜深人靜時憶及往事，創業時艱苦辛酸的過程，感觸良多。」

「『要做就要做到最好』，也是我與幹部們開會時常提的一句話。紡織產業雖是門檻相對較低的，也同時可以造成大量就業的產業，但款式變化很大，每一件衣服或褲子都需要工人一針一線縫合，要讓客人能滿意與接受並持續下單，品管非常重要。也常聽朋友說紡織業已是夕陽工業，但我認為沒有所謂的夕陽工業，只有夕陽管理，團隊中若每個成員都能努力付出，企業才能達到良好績效。」

「臺灣年輕世代若願意赴非洲發展，應透過僑委會，接洽非洲各地的臺商商會，與當地的商會建立交流平臺及通路，或參加就業交流活動。除了我經營的紡織企業，賴索托也有許多其他企業，願意提供機會，讓有興趣在非洲發展的新世代，安排企業參訪、產業實習。讓優秀的臺灣年輕世代也能赴非洲工作，培育臺灣在非洲商業領域，新一代的人才。」

「機會與發展，永遠是留給願意承擔責任的人，我在非洲的企業能有亮眼的成績，歸功於全體同仁一起打拼出來的成果，這也是我與同仁們共同的事業，是我與同仁們一起努力創造出的幸福企業。」

歸納陳董企業經營最終取得成就的成因，主要是在臺灣紡織領域歷練之專業能力、技藝和實務經驗，因而能在跨界投資經營中獨當一面，甚至能在當地同業封鎖（擔心同業競爭）中仍能突圍。此外，陳董對財務與風險管控嚴謹的做法，或是其企業穩健經營的關鍵。在管理層面，對中高階主管福利和待遇亦有較多關照，因而忠誠度高與流動性較低。陳董表示，高層主管提供資金配給房舍（房價六成），以及提供淨利 30% 分紅。老闆如此佛心，真是令人羨慕的福利制度。因此，可以說陳董的專業、勤奮和

管理方法和得幹部與員工人心，皆應是其企業經營成功的要素。

　　在人才在地化方面，陳董較堅持中高階幹部以臺灣人與外籍專業人才為主，中下階成員則由當地人擔任（包含人事部門主管）。一方面，是來自臺灣在地、語言、文化的信任感與工作默契、忠誠；另一方面，賴索托當地人之工作態度、教育素質與配合程度，較為弱勢與不足，顯然難以承擔企業經營較嚴謹之紀律和品質要求。因此，臺資企業在非洲國家之在地化雖是必須採取之作為，尤其是提供充分之就業機會、合理之薪資和福利，並遵守勞工法規，皆是必要的在地化安排和考量，但在中高階主管的核心部門，則有企業主之堅持與管理偏好，主因則是專業能力和信任的考量。

　　陳董的企業經營歷練，人生曾經墜落谷底，到現階段穩健經營企業與獲利豐厚，成為賴索托當地企業的典範，可說是人生的贏家。一方面，是陳董不服輸的性格，仰賴專業與市場績效成就事業；另一方面，在地弱勢關懷從不落人後。「阿彌陀佛關懷中心」孤兒院興建經費，或是當地濟弱扶傾，皆凸顯企業「在地共生」的努力和情感認同。此外，陳董回臺灣捐助弱勢族群，為善也多不欲人知。陳董即曾捐助「雲林家扶中心」百萬元，指定用在孩子助學金與急難救助金；花蓮亦有捐助醫療設備，資助罕見疾病醫療。陳董企業海外經營有成，且願分享成果予工作夥伴，並不忘家鄉的情懷，是令人敬佩和學習的榜樣。

陳淑芳：旅居奈國 33 年，在地共生享榮耀

　　陳淑芳是現任奈及利亞臺灣商會會長，也是本屆「非洲臺灣商會聯合總會」（簡稱「非總」）副總會長。陳會長旅居奈及利亞 33 年，對奈國文化、市場、在地化與公益都有深刻的理解和實務運作，因此陳會長的觀察和體驗，便具參考價值，值得分享。

圖 1：奈及利亞在非洲大陸地理位置圖（深色圖示）

旅居奈國 33 年歷練全面

　　陳會長在大學經濟系畢業後，從事國際貿易，並認識來自奈及利亞埃努古州（Eonugu）（參見圖 2、3）商人歐克力（H.R.H. IGWE Luke Ogbu Ogbuta Okorie）。其後他們由商業夥伴，並三度赴奈國後結為夫妻，開展了旅居奈及利亞市場參與、文化洗禮、公益布施、在地認同和幸福家園的歷程。

圖2：從臺灣到奈及利亞航程

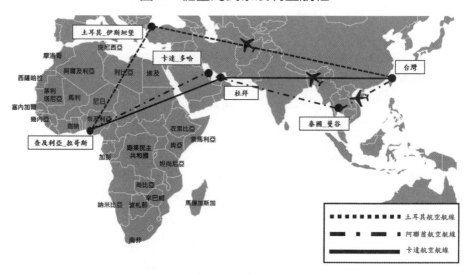

圖3：奈及利亞重要城市

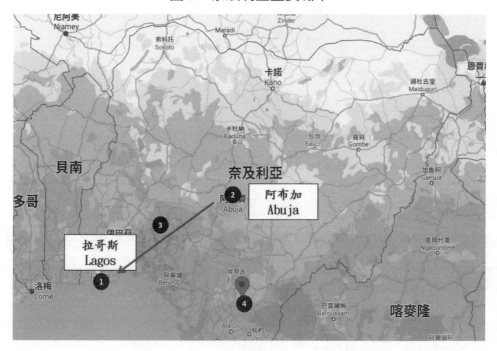

---

1. 阿布加是奈及利亞首都，文化、經濟及行政中心。
2. 拉哥斯是奈及利亞海港及最大城市，經濟及金融中心，也是司法中心
3. 2017 年 12 月 8 日，臺灣辦事處從首都阿布加遷至拉哥斯。
4. 〔陳會長先生的家鄉〕H.R.H. IGWE Luke Ogbu Ogbuta Okorie. Eze Anyanaecheoha 1 of Imeoha Nkerefi Nkanu East Local Government Area, Enugu State.

*駐奈辦事處：
- 我國於 1991 年 5 月 18 日在奈國原首都拉哥斯（Lagos）正式開館。
- 2001 年 9 月 1 日遷至奈國新都阿布加（Abuja）。
- 2017 年 12 月 7 日，因中國因素，遷返奈第一商業大城拉哥斯，並更名為「駐奈及利亞聯邦共和國臺北貿易辦事處」。

陳會長與夫婿主要從事「三秒膠」（俗稱「快乾膠」）製造和銷售至西非諸國，市場獲利空間不小。不過，近年來大陸商人進口成品和提高生產技術與品質，也漸升高市場競爭壓力。儘管如此，非洲市場相當廣大，每年仍賣出幾十萬噸「三秒膠」。歐克力曾說：「奈及利亞人口數達 1.9 億，如果每人都買，就有 1.9 億的商機。」也有人說，奈及利亞治安不好，歐克力曾反駁道，"No risk, no success"（沒有風險，就沒有成功）。「在倫敦、巴黎就沒有治安問題嗎？為什麼只說奈及利亞呢！？」奈及利亞總統也曾說過：「如果奈及利亞投資環境好，就輪不到你們亞洲人來賺錢。」

強調回饋文化與在地共生重要性

旅居奈國多年，陳會長特別強調奈國人民回饋文化深植人心與影響力，訪談中陳會長表示：

「他們當地人賺了錢，就是一定會先去家鄉建房子。要買車建房子，他不會在你住的城市，像我們如果到臺北來發展，我們一定先在臺北買個房子落腳。那他們不是，他們一定先回到南部，或回到東部，去家鄉新建房子，讓自己家鄉的父母親或兄弟姊妹，有一個房子可以住就對了。」

「國際新聞上常常看到白人救助非洲人，其實很多奈及利亞人都會回饋自己的家鄉，幫助弱勢民族，外界新聞都沒有報導這些實情，都只報導奈及利亞的負面新聞。」

回饋項目中包含造橋、修路、蓋教堂、醫院，甚至包括提供讀書費用、教學和對話。

「主要是因為這邊土地很大很大，交通不方便，那我先生一開始他是搭那個橋，橋橫跨一個河流差不多有一公里長吧。本來是木頭製的，古早時候用寬寬的木板釘成的，然後他把橋換成鐵的。後來就是他們有人生病，一個人生病、兩個人生病，我們就覺得乾脆就去捐一個醫院。」

「我們建了醫院就捐給政府，捐給州政府，由州政府派醫生和護士來，但醫生都不願意來，一個禮拜他只來兩次，那我們生病的人去到醫院都找不到醫生。我們就跑去問醫生，醫生就回說，你們那邊那麼遠，我不願意去，我跑到那邊一趟車的車錢要多少，所以後來他不但領政府的錢，我先生還補貼他交通費，但是他還是一個禮拜來一次，有些時候就乾脆沒有來。」

在投身地方事務過程中，家人也有不同意見。例如，陳會長想不透，夫婿為何如此熱衷家鄉事務，且出錢又出力？這或許是他們想鞏固的「回饋家鄉」文化根源；會長女兒亦不理解，其又無條件資助當地貧童上學。她女兒說，她在歐美學校，自己領獎學金要非常努力才拿得到。歐克力則表示，這些貧窮孩子，若沒有資助就全部失學了，如果設標準給獎學金，他們多數不可能受教育的，所以必須這樣做。

貧窮與落後存有文化落差

然而，也由於貧窮落後，當地人民對於可能擁有的機會和利益都將全

力爭取，甚至爭奪。第一次在鄉下舉辦小孩子們的聖誕晚會的經歷讓陳會長印象深刻：

「鄉下小朋友很少有這種機會參加小朋友的聖誕晚會，那天有幾百個小孩來參加，因為我先生是家鄉的土王，我們家大門是不會鎖的，當時只要會走路的小孩，我都讓他們進來參加，他們就好多個人一次衝進來，我在發小禮品的時候，非常的擁擠，我們也會把餐點裝盤分發給他們，他們會一直擠、一直擠，很像在打架，剛開始我會覺得很害怕，我小姑在旁邊，她告訴我，小朋友們沒什麼惡意，只因為他們從來沒有參加過這種免費而且可以領禮物的聖誕晚會，有這種機會當然要爭取，後來多次活動後，小朋友也漸漸地學會了只要遵守秩序，大家都有機會。」

在地商業文化和市場必須蹲點了解

對於臺商在奈國經商，陳會長表示，臺商人數不多，大概百人左右，來來去去的。目前「協會」會員約 35 家左右。奈國消費者有其偏好，歐美國家喜歡的產品和式樣，奈國人民不一定喜好。市場要根據對當地市場的體驗和觀察，去修正產品的特性，訂出價格，才可能進入奈國市場獲取利益。

在奈國經商要適應當地商業文化，當地商業文化還有賒帳的習慣。當地交易行為普遍是先收訂金，貨到港口再收尾款。此外，奈國市場也很在意價格，不太在乎品質。這當然也會導致品質低劣和惡性削價競爭。

臺灣人在奈及利亞做生意的估有百家，長期有分公司駐點的 50 家以下。此外，一些活動的參與也會受制於中共外交使館的干擾和制約，因此臺商協會的活動較偏向於商業展覽和公益性活動。另外，陳會長也在奈國參加外國人嫁給當地人（外籍配偶）婦女協會組織，並任會長。這個組織

長期協助當地盲人學校將教科書翻譯成點字，也整合協會內各國不同專業人才和資源，讓奈國弱勢族群也能學習和受惠。

臺商與外商市場調查有差異

在商機方面，外商和臺商對市場調查態度也不同。外商通常願花 1% 成本做市場可行性調查和評估，但臺商的態度則較為消極，這可能造成較大損失。陳會長即曾表示：

「臺商有時真的是沒有把非洲市場當回事，公司產品賣得好就好，賣得不好就退出市場，沒有認真去判斷市場樣貌，沒有認真去做研究跟討論。我女兒因為工作上的經驗，她就說如果廠商真的要在奈及利亞做生意，那他們應該要花一筆錢來做市場調查，例如你在做電風扇，你一定要先去探詢市場上對這種東西的需求，有多少同樣的產品在市場上了，大家對這種東西的反應好不好？這是投資者對市場很重要的觀察，這也是比較偏向美商的觀念，花百分之一的成本去做這件事，就算賠也是賠百分之一，而不是直接生產，賠的是百分之百，但臺灣人都覺得自己的產品很好，沒想到這些產品可能只符合歐美或日本的生活方式，沒有去想非洲適不適合，要觀察非洲人的生活習慣，要去做調整，而不是在非洲賣得不好，就拿別人賣得比較便宜，所以你賣得不好來當藉口。」

臺灣對非洲一般認知保守與負向

另外臺灣企業對非洲市場了解也有限，且偏向負面和保守，較為可惜。例如，在奈及利亞汽車修理就是一大問題，即使品牌代理商也沒有專業技師常駐。例如，我們買了新車壞了就很頭痛，有時修好一個零件，又搞壞

另一個，中古車的問題就更多了。因此，臺灣在維修服務市場參與，並能培訓當地學徒應有不錯機會。

臺奈雙方在相互了解和交流明顯不足，例如會長兒子曾帶奈籍和美籍同學訪臺灣。這些友人驚豔臺灣士林夜市、炸雞、珍珠奶茶，也對臺灣的交通便捷與總體評價高，不輸美國，並上了奈國網站報導。不過，在現實面馬上就面臨了問題，例如奈國人要來臺灣旅遊就難獲得批准；臺灣產的噶瑪蘭威士忌（Kavalan Whisky）很好喝，但是廠商卻對到非洲投資興致缺缺；在汽車銷售上，即使是臺灣汽車大廠，也顯得消極，認為非洲窮、路爛，有較多負面刻板的印象，此皆影響臺奈經貿互動。

培訓、餐飲和科技市場有空間

培訓和餐飲市場亦應是具有影響力與發揮的空間。開發中國家對民生工業和輕工業應是發展重點，因而職業教育和培訓即應有較大市場。例如，汽車維修與保養、小型水電工師傅培訓，加之民以食為天，烘焙師傅、教做蛋糕和各種派培訓也受市場歡迎。當然在技術移轉的同時，也要根據當地的偏好、習慣和口味做調整。例如，當地牛肉的切法不同、鹹度和口味不一，都需要做些變化。此外，如何讓培訓師具參與和獲利機會、受訓者獲得證照（最好能有國際認證資格者），亦即結合在地互動與合作平臺，臺商應有市場發揮的空間。

市場與商品能否經營，要看商品競爭力、服務與在地化的表現。「花若盛開，蝴蝶自來。」陳會長表示，只要產品在品質和價格有競爭力，再加上售後服務、宣傳到位和專業化，以及貼近當地市場民眾偏好，就較有成功的機會。有些廠商對非洲的刻板印象，和廠商中低階幹部思維也較保守，亦是實質阻力。此外，臺灣的強項是科技產業，但對非洲著墨有限，

事實上在非洲手機與網路金融應用相當普遍，加之人口眾多，市場相當可觀，但臺灣科技和手機業者卻缺席，十分可惜。

臺灣科技業者在非洲尋找下一波商機，應有更積極的在地體驗、研發和市場促銷。例如，非洲手機應用在金融轉帳即因使用量大而有較佳的服務收益。科技產品在學校科技教學、商業服務、遊戲需求，皆有開發的機會。尤其是臺灣科技產業執世界牛耳、跨界投資、供應鏈整合與農業人才皆有成熟的經驗，非洲也有不少英語系國家，較易溝通，即使是不同語系亦可突破障礙。因此，關鍵仍在於科技廠商在全球化布局的企圖心、戰略視野和市場眼光，如何評估在地需求、時尚特質與需求偏好設計出新產品，例如實用的小平板方便下載 APP、打遊戲、照相、充電和通話便捷性，都可能會受到歡迎。不過，要做好非洲投資，更應有產業鏈思維、後勤供應鏈和整合團隊，才有較大成功機會。

陳會長家庭幸福美滿

陳會長在奈國家庭幸福、子女也都受過歐美良好教育，並投身當地公益、教育，是「在地共生」的具體實踐。會長不僅支持夫婿家鄉「土王」角色（協助當地公共事務的調節和協調。在地重要儀典，亦須穿戴頭冠和衣飾，接受當地人民擁戴和歡呼），且捐助當地公共建設、興建教堂、醫院，並投身婦女、兒童助學公益活動，得到當地人民較積極和正面的評價。

陳會長家庭幸福，老公除平日忙於「三秒膠」工廠經營外，亦定期返回原居地協助當地事務協調，且不吝公益與助學的投入，受到當地人民的敬重和認同。一子二女亦品學兼優，並在外資企業工作。會長即使近三十餘年來遷居海外定居，即便身在千里之外，但仍不時心繫臺灣，期盼為臺灣做事，做貢獻，也期許促成臺奈更多相互理解和文化、經貿交流與合作。

　　學術所界定的「跨界治理」，強調透過專業與能力，協助不同角色、地域之成員進行協調，化解可能糾紛和矛盾，終而實現社會和諧與進步。跨界治理不僅是現代社會協作與互動的模式，亦是創造社會和諧的重要支柱力量。陳會長及其家人在奈國市場經營成功之餘，亦對家鄉回饋做出實質貢獻，既是經濟、社會的成就，亦使心靈得到安頓。為陳會長及家人的努力喝采。

黃華民：任協會新理事長，良好根基展新猷

　　新任「臺灣非洲經貿協會」（Taiwan-Africa Business Association，簡稱 TABA）理事長改選，由平日熱心協會事務的黃華民董事長擔任。協會在前任孫杰夫理事長帶領下已績效卓著，而黃理事長則強調「傳承與創新」，期許再創協會新局。

　　黃理事長原是學界出身，轉型從事經貿有成，近又擔任 TABA 理事長服務民間社團，也算是斜槓人生的範例。黃董事長 1975 年畢業於輔仁大學生物系，並於 1986 年獲美國伊利諾大學香檳奧巴納校區神經科學博士學位。後於美國布朗大學擔任研究和教學工作，1988 年返國任教陽明醫學院、長庚大學，擔任解剖學教授、系主任等職。2003 年轉行進入經貿和商學領域，先後擔任瑋錸生物科技和杏醫有限公司負責人（參見表 1）。

表 1：黃華民理事長學經歷一覽表

教育學歷

年份	學校／學位
1986	美國伊利諾大學香檳奧巴納校區神經科學系博士
1983	美國伊利諾大學芝加哥醫學中心解剖學系碩士
1975	私立輔仁大學生物學系學士

學術經歷

年份	單位／頭銜
1986–1987	美國布朗大學神經科學中心副研究員
1987–1988	美國布朗大學神經科學中心助理教授
1988–1990	國立陽明醫學院解剖學研究所副教授
1990–1992	私立長庚醫學院解剖學科副教授
1992–1997	私立長庚大學醫學院解剖學科教授兼學科主任
1996–1998	中華民國解剖學學會第八屆理事長
1997–2003	私立長庚大學醫學院解剖學科教授

商界經歷

年份	單位／頭銜
2003	瑋錸生物科技股份有限公司總經理
2004–2005	人體大探索展覽執行長
2007–	杏醫有限公司董事長
2013–2019	臺灣非洲經貿協會監事
2019–2022	臺灣非洲經貿協會監事長
2021	臺灣朝鮮經貿協會監事
2021	中華民國國際經濟合作協會監事

　　黃理事長的博士論文，是以老鼠的生活環境不同來研究鼠腦海馬迴的神經細胞突觸改變有關。我曾舉政治大學洪蘭教授的研究認為，人即使年逾八旬，但保持人際對話和意見交換，仍能使腦細胞活化和再生，從而有助於規避失智和生命的風險。黃理事長的研究也證明此一觀點。他說：

　　「我的博士論文是研究三種不同生活環境的老鼠的神經突觸差異，分別是孤單鼠（單獨一隻生活在標準鼠籠裡）、社交鼠（和別的老鼠一起生活在標準鼠籠裡），以及環境豐富鼠（許多老鼠共同生活在有許多玩具擺設變化的大型鼠籠裡）。分別去看這三種老鼠提取記憶的狀態，以及鼠腦海馬迴神經突觸的差異，最後發現孤單鼠提取記憶的能力最差，鼠腦海馬迴神經突觸數量少，而環境豐富鼠提取記憶的能力最佳，鼠腦海馬迴神經突觸數量最多；就算是環境豐富的老年鼠也是一樣，學習能力會比較好。」

　　黃理事長另一專長是解剖學，猶記得大學畢業到陽明醫學院任職，還有一段令人頭皮發麻的經歷。黃理事長表示：

　　「我服完預官役去陽明醫學院（剛建設完一棟實驗大樓，教室、實驗室、宿舍、行政單位都在同一棟大樓裡）當了四年半的解剖學科助教。第一年很認真學習以前從未接觸過的人體解剖，而且我沒分配到宿舍，每每

自行練習解剖至深夜，就睡在解剖實驗室的隔壁房間。」

「後來去了美國芝加哥伊利諾大學醫學中心的解剖學研究所念碩士，之後轉到香檳奧巴納校區攻讀神經科學博士，研究腦在記憶提取的神經突觸變化。返國後接到長庚大學的聘請（而且還是用毛筆寫的文件），但同時陽明要成立解剖學研究所，也邀請我回去主持，我就跟長庚請了兩年假，在陽明把研究所弄起來後，再去長庚就職。」

其後，因個人考量便離開長庚投入企業界。企業經營項目以解剖學科教材為主。他介紹說：

「我一開始就是發揮所長，銷售解剖學科所需要的教材（因為解剖學是基礎醫學教育裡占比最大的課程，各醫學相關科系都會以解剖學科為基礎課程，因此相對而言市場很大），剛好當時臺灣缺乏解剖大體的來源，需要仰賴一些替代教材。我認為這是有市場的，當時解剖教材來源與解剖人才提供最好的是大陸，我剛好在擔任中華民國解剖學學會理事長的時候在對岸有一些認識的人脈，所以我就以此為基礎進行規畫，後來就也製作了其他的教材，公司經營一開始跟人合作也吃了不少虧，後來才自己獨資開公司。」

「現在我公司大多的產品都賣到國外去，印尼現在就是使用我公司的產品做一些基本的臨床訓練，雖然臺灣也有生意，但比較少，因為學校要招標，我就不會參與，都是透過幾個配合的國內公司去競標，或者學校來詢問時，請學校去找這些配合的公司。」

黃理事長曾數次訪問非洲。他在迦納看廣告牌的內容變化，可理解其經濟發展機會和訴求。他曾表示：「以前看到的看板多是宗教信仰的福音廣告，但是現在多為房地產廣告所取代」，顯示其市場化進程快速。對於

新冠疫情後非洲市場的商機，黃理事長根據近年來的接觸和互動亦有其觀察和解讀。黃理事長表示：

「總體而言，我還是看好疫後的非洲市場，尤其是醫療產業，不僅是傳統的藥品跟醫療耗材，臨床上的醫療訓練、智慧醫療、AI引入都是相當有商機。疫後產業反而會加速，像醫療，非洲人會認知到非洲需要有自己的基礎醫療建設、自己的藥廠、自己的設備，他們自己會考量這些需求，進一步給予優惠政策來吸引投資，所以我大大的看好醫療產業在非洲的發展。」

「至於非洲管控藥品進出口方面，有些國家會仿照歐美去做一些管制，也有些國家是沒有完善的法規，更不用說建立GMP制度。非洲最盛行的藥品大多來自印度，因為他們便宜，又有歐盟的認證，有些也有美國的FDA（美國食品藥物管理局）認證，然後你輸入前再給政府認定，但有些國家是不需要的，就是報備制，你可以先輸入進來再填表格申報。如果臺灣醫療證照要國際化的話，這就要基於雙方互惠的原則來進行，要雙方取得共識，但這就涉及一個重大問題，那就是要先解決兩岸的歧見，因為這個承認問題就涉及主權的問題。」

「至於非洲國家的醫療發展會不會比較保守？其實不會，因為中、美、韓都有企業進駐到非洲做醫療產業，像史瓦帝尼就有韓國保險公司過去那邊開醫院，甚至比自己國家的醫院還大，那迦納也是，歐美也有基督教會進去開醫院，有學校、有醫學院，甚至設備都是一流的。」

在職業教育方面，黃理事長亦認為有較大空間。他指出：

「非常有，像是在迦納至少有二百多家護理學校，其他職業學校也有幾百家。雖然品質上還有進步的空間，但有商機可以介入。加上迦納在職業教育已經發展很久，甚至有線上教學，而且是很早就引進的。過去外交

部也有帶職訓中心的人去支援，但他們都以外交任務、外交使命去做，如果能跟商業結合不是更好的嗎？他們都只教他們技術，但沒有告訴他們這是可以賺錢的，這就沒辦法建立長期技術仰賴關係，這一塊應該要用民間團體來做，才有商機產生。」

在非洲成立產品展售中心，並建立非洲品牌亦可評估可行性。黃理事長表示：

「發貨倉庫的設立一直都在爭吵，將來我想把它弄成像產品展售中心，展示的商品要看你想賣給誰，如果你只想賣給一個國家，那根本不用考慮免稅問題，因為非洲已經像個共同市場，你不一定要進口成品，你可以進口半成品去那邊加工變成非洲品牌。以前我們都說如何打響你的品牌，但現在應該考慮的是，我們可以去建立一個非洲品牌，但背後老闆是臺灣人。」

當前非洲市場也今非昔比，觀察和分析的角度亦有不同。黃理事長表示：

「現在非洲不能用十幾年前的角度去看他，我經常說，要到非洲做生意要考慮賣什麼、賣給誰。以前臺灣出口分類是用海關稅則來做分類，所以大家也想按照此分類來告訴買家你在賣甚麼，但這是不對的，不如用食、衣、住、行、育、樂這人生六大需求來得更直接了當，前四項是最重要的，而且是依照順序來滿足需求的。因此，食品相關產業很重要，也永遠被需要；臺灣的二手衣出口也一直很夯，其實在 2019 年我還聽說迦納阿克拉的二手衣市場一個星期可以消耗掉四十個大櫃的二手衣；我以前去迦納都是看到棚房，但現在整個都重建，也都蓋了新路，交通發達之後就需要車，那麼汽車相關配件的需求也會增加。有了這些後，生活改善了，經濟發達

了，就會有育的需求──生育、撫育、教育，都跟育有關係。樂的需求就接著而來，就像是美國有好萊塢，印度有寶來塢，在奈及利亞也就有了奈來塢，現在自媒體發達之後，這些視訊娛樂就整個迅速發展起來。」

非洲經濟發展有其特殊性、跳躍性，需要在地化和深耕經營的思維才能掌握非洲市場之脈動。黃理事長建議道：

「臺灣過去都是著重在研究非洲的政治面，但政治只是一個綜合表現，還有文化、經濟、外交、社會等等，但政府做得太少了，如果要幫國人去非洲發展，就要有企業管理的概念，不然的話，就不會有經貿市場觀。如果外交都只是用一脈相傳的嫡系，那可能就沒有什麼遠見，也沒有創新的想法。」

在協會未來會務發展方面，黃理事長總結「協會」有三大特色。一是財務健全（入會費每人一萬元，年費八千元），財務運作透明化；二是活動力強，協會成員熱情參與各項活動，具向心力；三是會員最多登記有300家公司，活躍會員200家以上（有繳費且參與活動者）。黃理事長上任後即務實改革會務，並由理監事成員成立八個任務小組開展業務。黃理事長介紹說：

（一）法規小組。臺灣講究自由民主，就要基於法治的基礎，我們的章程是根據人民團體法，我們就要基於最新的立法精神去做，不能是少數幾個人說了算。

（二）文宣小組。我們雖然以前有文宣委員會，但我們無法確認它的地位和任務，它是我們對外的窗口，而且對外口徑要一致。

（三）網路數位小組。我們協會用的數位基礎建設都還是舊的，硬體軟體都是舊的，我非常驚訝，一定要做徹底更新，為數位轉型做準備。

（四）產品目錄小組。把會員的產品做成一個圖文並茂的目錄冊，當作行銷工具，這些圖文都將是日後數位轉型的原始材料，協會身為商業平臺要做這方面的努力和變革。

（五）聯誼小組。過去我們做了很多事，卻無法讓會員有感，因為我們和會員的交流還不夠。以前有公關是針對外界的，但我們應該要先把內部做好。聯誼小組要分成北、中、南三個組別，可以分組聯誼，也可以一起聯誼，每一季都要提出聯誼活動來，請會員來讓大家面對面交流，也請有市場經驗的非洲臺商來傳授經商心得。

（六）商情小組。負責蒐集商業資訊，除了主動收集商情外，也要透過各任務小組間的交流，整理資訊，商情小組要把各組會議的資料留下紀錄做整理與媒合。過去協會曾設有商機委員會，曾提議組團參與非洲經貿交流活動，惜因疫情未能達成，目前希望能透過線上活動來和非洲各工商團體互換會員資訊，媒合買賣雙方的經貿交易。

（七）創新小組。我們有些新的年輕理監事，可做一些以前未曾嘗試的工作，如疫情前後比較、新的知識、新的概念要怎麼做，可以有無限的想像。

（八）公益小組。回饋社會，去年協會拿到內政部頒發金質社團獎，希望本屆能夠維護好這個重要形象。我們每個會員大多有行善事蹟，但沒拉在一起。所以我們公益小組就是要把會員拉在一起，然後引導大家一起來做。例如我們會員林銘仁董事長（同時也是協會顧問）用 TABA 名義捐給中正區、大安區、信義區貧弱學童的午餐費；另外像洪副理事長捐書《馬背上的舞步》，那本書就在我們群組義賣，然後把這筆錢捐給臺東的孩子的書屋。

「TABA 成立這八個小組，召集人是常務理監事，公益是兩個理事一起擔任召集人，成員都是理監事，成立好後我們就準備開始做好這些事。

我們要讓會員（沒去非洲過的、想去非洲的、非洲老司機）拉近距離，在
內部有新火花，對外就要創造新商機，像行銷（目錄、媒體、網路），還
要幫會員去解決行銷問題。」黃理事長說。

　　黃理事長在產學界多方歷練，並在解剖學和神經科學專業領域展現特
色，尤其是在非洲市場的觀察和實務經驗皆值得學習。客觀而言，黃董事
長接任 TABA 理事長一職，是一種承擔和奉獻。黃董事長甚至在理事長改
選前表示，如果要他出來做事，他要把醜話說在前面，要進行改革，更要
落實服務，他才願意幫忙。顯現黃董事長是有個性、重理念和富有責任感
的民間組織負責人。此外，在前五屆三位理事長打下的良好基礎下，如何
再創新局、落實會員商機分享，以及疫後非洲市場開拓，皆是重要課題。
我們期許在黃理事長和新任理監事建構新組織架構下能再創新局。

　　近十年來黃董事長在非洲市場的參與亦頗多元和積極。據了解，2010
年至 2013 年即積極參加中東與北非的拓銷活動，分別在杜拜、沙烏地阿
拉伯、約旦和埃及當地公司簽屬代理協議，銷售醫療產品。2011 年黃董事
長踏上非洲，隨著「拓銷團」赴埃及、利比亞、阿爾及利亞、突尼西亞、
摩洛哥、南非、莫三比克、烏干達、奈及利亞、喀麥隆、迦納等國，此外「貿
洽團」也常有黃董事長參與的身影。黃理事長對非洲市場觀察，無論是由
國家城市廣告內容的變化，或是食衣住行育樂的商機，以及策略性的建置
由臺商主控的非洲品牌，皆有其觀察和創新視角。另一方面，對於大陸介
入非洲市場競爭，黃理事長認為其較重政治面向，加之投資行為未能提供
當地就業機會亦是一大敗筆，大陸產品質量仍相對低下，並不足懼。尤其
是他所專長的醫療產業產品。因此，臺商如何發展藍海策略、深耕市場、
策略聯盟、差異化、重視誠信與利益共享，皆是值得強化之策略思考。

　　未來協會業務發展仍有不少待努力之處。例如，政府積極推動的「非
洲計畫」，民間協會的參與仍有限，且有官僚系統和制度面之局限。其中

涉及融資支應、簽證管理、世代交替、團隊意識、數位轉型和行政體系協作，恐須做戰略布局和系統整合才能發揮效果。此外，在學界和智庫方面，亦可透過專業研討、法規分析、臺非學者對話、人才培訓、策略布局強化產學合作與後勤奧援。期許黃理事長能做更全面之資源整合，在疫後非洲經貿事務上展現積極作為，相信這亦是所有 TABA 會員的共同期待。

楊文裕：西非旅居四十年，剛果麵包闖名號

居住西部非洲長達 40 年

　　出生於 1966 年，13 歲就隨家人移居西非象牙海岸（如圖 1），甫當選剛果金夏沙臺商會會長的楊文裕，可說是非洲臺商的傳奇人物。一方面他曾遍訪西非諸國（西非 16 國，除甘比亞和幾內亞比索二國沒去過，其他都去過）（參見圖 1）。此外，中部非洲除剛果民主共和國，也去過查德、喀麥隆、加彭和中非做過市場調研和考察，了解當地政經生態環境與市場

圖 1：西非 16 國與中非剛果地理區位

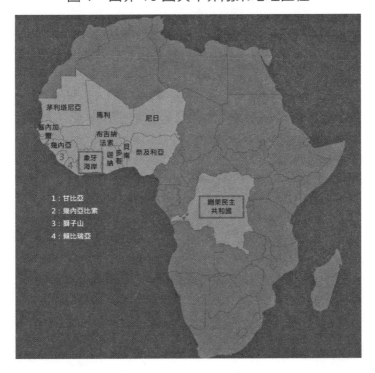

脈動。楊會長曾表示，即便是剛果最危險混亂的東部，他也曾造訪。另一方面，楊會長在剛果每日生產 40 萬條法國麵包，目前為第二大生產商，未來仍有擴大規模的計畫。另外，楊會長也表達對年輕世代參與非洲市場商機的熱情，只要人對、項目好、具可操作性，楊會長都願助年輕人一臂之力，包括找金主在內。

為了牛羊皮踏上非洲之路

「早年因為叔叔具高壓電機方面專長，曾派赴象牙海岸任職。其後，因叔叔工作能力強，受委任為當地百事可樂工廠廠長。叔叔後來跟我父親說：當地有很多牛羊皮可運用，於是父親便於 1979 年舉家遷至象牙海岸，但是到了那裡之後才知道，當地人牛羊皮也是吃的（如同臺灣人也吃豬皮），做皮革市場並不如預期樂觀。所以之後便轉向機械維修與塑膠機械，卻也因為這項專長和市場需求而闖出名號。當地的機器維修或是組裝都找上門，在當地有「機器醫生」的外號。」

楊文裕父親楊國祥是臺中東勢高工（創立於 1946 年）畢業，具有機械、維修與組裝方面的天分和工匠精神。楊會長表示，他父親可閱讀日文原文的機械工具書，也可以用一根管子像醫生聽診器一樣，放在機械引擎上聽聲音即可判斷哪邊壞了，或是齒輪有問題，都可很快掌握情況。楊會長自幼即隨著父親到各廠房參與維修，耳濡目染下，也練就機械和設備應用的專長。

象牙海岸過去是法屬，講法文。我國與象牙海岸於 1983 年斷交，但楊會長通曉法文，在當地經商、開餐館，日子過得不錯，家住在 5000 平方米的別墅（約 1500 坪）。記得假日，小孩子們都會期望楊會長開著大車，載著他們到海邊戲水、烤肉的快樂時光。另他們居住的地方，左右鄰居都

是憲兵和警察訓練學校，當地關係也不錯，有事情他們都會打招呼。記得是 1999 年 12 月 25 日象牙海岸政變，楊會長看軍人綁布條、聽廣播即有所掌握，並協助當地友人照顧好小孩，平安度過危機。

非洲殖民史和維護生態的重要性

楊會長長期生活在西非，對當地生態環境與人民相當了解。他表示，歐美殖民非洲當成他們的後花園。要植物，他們就在非洲種、拿；要礦產，他們就在非洲挖。事實上，非洲礦產相當豐富，且多稀有金屬，例如剛果有鈷礦。據了解，挖鈷礦要用童工在岩縫中挖，故常遭NGO（非政府組織）批評不人道。不過，當地貧窮仍嚴重，童工若不能工作，也無法改善其生活。這恐是貧窮與生存的兩難困境。

楊會長也聊到最近全球關注的氣候變遷議題，非洲的生態保護也很重要。事實上，中南美洲的亞馬遜河和非洲的剛果河，猶如我們人體的「左肺」和「右肺」（參見圖 2）。攤開地圖，中南美洲的亞馬遜河大家耳熟能詳，其在濫墾濫伐、焚燒林木皆已引起生態危機，亦是氣候變遷和暖化元凶之一。另一條河是非洲的剛果河，不僅是中西部非洲最長的河（全長 4640 公里，為非洲第二長河，次於埃及尼羅河），亦是全世界最深的河流。其流域面積達 401 萬平方公里。因此按流量計算，剛果河是僅次於亞馬遜河的世界第二大河。因此，要了解世界的生態和暖化的危機，在森林面積未增加，以及動物排放二氧化碳（據說比汽車還嚴重），非洲亦應是值得關注和維護的重點區域。

圖 2：中南美洲亞馬遜河及非洲剛果河位置圖

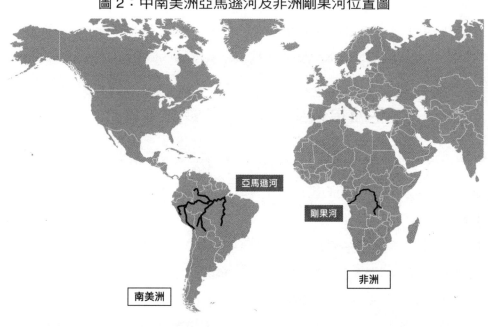

亞馬遜河

剛果河

非洲

南美洲

成就法國麵包事業，具備機械與管理長才

　　楊會長從事法國麵包生產是一段機緣，並結合著對市場、機械設備專業，以及管理才能，才促成其事業的發展。據了解，有一次合夥人香港李氏集團與友人在他家品嘗其夫人所做菠蘿麵包，嘴尖且刁的香港友人提出不少意見，夫人亦不斷改良，終合其意。合夥人李氏集團即提議是否要開麵包廠賣吐司和法國麵包呢？結果一試，造就了今天的局面。而楊會長的機械專業也派上用場，成為不小助力。

　　任何產品做少量、精緻估計問題不大，但要大規模生產，且能保持穩定的品質，堅持不放防腐劑，讓消費者吃得健康，也吃得飽，才是本事。這其中涉及工廠的運籌、生產設備管理、人員調度、人才培養和原材料與

倉儲的掌握，以及通路行銷能力。這種本事恐都要多年積累，並仰賴其專業和在地市場掌握。

　　楊會長工廠的機器設備是半自動化的，主要還是考量就業問題，用人工作業可提供就業機會，但須教育要求員工保持嚴格的清潔衛生習慣，須戴手套。另生產作業程序和廠房內部管制嚴格，但也適時邀請經銷商來參觀，增加他們對企業生產和廠房潔淨認知，有助於提升產品信心和企業形象。

　　剛果此次亦受疫情衝擊，因此楊會長麵包廠亦處於停工狀態。不過，雖短暫資遣基層員工，但核心幹部仍維持運作，包括機器設備保養與廠務基本運作。一旦條件允許，啟動工廠正常運作和召回員工即可在短期內落實，展現楊會長在管理企業的能耐與專業能力。

非洲市場：機械組裝和維修前景不錯

　　楊會長亦曾受東南亞客戶委託赴西非和中非做市場調查與評估，其中包括：市場發展潛力、技術評估、進出口貿易、維修、代理等。會長因此對當地市場、文化有較多元和深度的了解。

　　「臺灣機械設備廠整廠輸出專業和能力都不錯，但是若能考慮當地文化、語言、偏好，做更貼近顧客的功能性需求，並做好售後服務，臺灣產品應會更有競爭力。」

　　「記得有一次在象牙海岸的工廠旁看到閒置的臺灣紡織設備，問非洲企業負責人說機器是來自臺灣，並批評說設備不好，他們對日本和德國產品還是比較信任。後來經了解，該台機器僅是故障，經整修後仍可使用，顯示臺廠售後服務與溝通不到位，易引起誤解和商譽損失。」

　　楊會長表示，近年工廠整廠輸出設備客製化，競爭力也有提升，但仍應關照好在地化的偏好，才能爭取更多市場商機。例如機械設備控制面板，涉及左撇子，還是右撇子使用便利性；面板內容是英文，還是法文，不同國家背景有別；維修團隊如何及時跟上服務需求；員工清潔習慣是否對機械設備和產品品質造成影響；當地電價貴，如何應用較廉價能源供應？都是設備廠商應多考慮的問題。

　　此外，楊會長亦指出，非洲當地機械維修和設備組裝市場仍有不錯空間。在非洲逐步走向現代化過程中，若能外包代理機械產業的組裝和修理平臺，獲利應相當可觀。（一般而言，整廠輸出設備代理商通常有二至三成利潤，若能協助組裝和維修亦有一成獲利空間。）

　　「未來非洲市場的重點不在貿易，而是實業和維修領域。」楊會長表示。畢竟實體企業若有成本、市場與規模優勢，尤其是在電器、汽車維修領域掌握專業和國際品牌信任和授權，將在市場占有一席之地。例如汽車，非洲多是歐美的二手車市場，肯定存在定期維修和零件更換的需求，一旦做得順手，世界名車廠牌就可能選擇跟你合作。而這些名牌汽車廠，也會挑選技師回母國受訓，皆是提升技術層次與市場機會的平臺。

鼓勵臺灣年輕世代具冒險精神

　　楊會長教育子女有成，女兒曾赴法國修習巧克力製作專業，並曾獲獎。近年回臺創業，和在地市場做連結，並找創意（例如，花生或高粱酒加上巧克力是否別有風味（據說巧克力加上高粱酒吃了有微醺的感覺），期能在此領域開創事業版圖。

　　楊會長對企業人才特別重視，他用一個「企」字來說明，一個公司如果沒有人，尤其是人才，這個企業去掉「人」就休「止」了。他舉例，有

個香港友人，在法國修習設計，曾在世界名車設計部門實習，因為其設計天分受肯定，公司方為爭取他，幫他付學費、提供零用金，並給予實習機會和必備器材等。國外企業是這樣重視人才、網羅人才的。此外，楊會長亦主張要有好的團隊，才能有效運籌，因為這是一個打群架的時代。

楊會長也認為，臺商在非洲第二代也有回臺灣發展的意願，但他坦承與臺灣年輕一代融合得並不理想。期望未來能相互合作、共同參與海外的投資與合作。楊會長也鼓勵臺灣年輕一代到非洲走一下，了解當地機會和挑戰。他主張，臺灣年輕人要到非洲主動去交朋友，落實在地化，這樣人脈網絡才會更扎實。另他願意為臺灣年輕一代引介市場現身說法，若有好的商業計畫，他也很願意提供意見，若缺資金，也可協助幫忙找「金主」。「人過去，技術夠，保證賺。」楊會長補充道。楊會長認為未來非洲市場較有機會獲利的有民生工業、農業、畜產和維修機械行業。

要善待非洲人民

在非洲，臺灣外交是屬於劣勢局面。不過，實質外交來自於民間務實的作為與公益善行，往往能得到當地人民的尊敬和認同。事實上，在非洲仍有不少華人與當地人民，在環境與交往有爭議或糾紛，但當地人亦會有區隔性的認知，並保護性的指稱：「他們不是中國人，是臺灣人。」

面對黑人為主的非洲大陸，楊會長提醒我們要善待他們。做關係不要只做上層關係，也要兼顧中下層網絡，未來他們也可能升遷，成為市場參與的助力。事實上，「在非洲，不要小看任何人，只要皮膚黑的，他可能就是未來的總統；只要是女的，她也有可能成為總統夫人。」楊會長提醒的說。

在言談中，有關非洲的軼事、見聞和體驗，亦不時的分享。例如，就

楊會長了解，非洲鄉下若是有人考上大學，村民都十分欣喜，家鄉人多會送錢給他讀書，希望未來能出人頭地。

在非洲通常都有東西被偷的可能，但若真被偷，你不要怪別人。因為非洲人有些行為不好，偷是本性。因此，如果你的東西被偷，是要怪自己沒有把物品和東西放好、管好。

楊會長也強調：臺商在地化肯定是要做的，落實後亦要做到精緻化、環保化和服務化。換言之，即使在非洲大陸「企業社會責任」（CSR）和「環保、社會與治理」（ESG），也都是臺資企業必須關照的重點。尤其是環保和社會治理，以至在當地產業經營和服務亦要做得細緻、到位，才能在市場站穩腳跟，博得信任和支持。

看好市場，疫後將再創事業巔峰

楊會長對非洲市場仍看好，並認為沒有現在進入太晚的問題。他認為，食品產業，如果我們比較重視食品安全，即使價格高一些，他們會比較安心，也願接受。另他們休閒食品90%是進口的，如果我們能利用當地食材，替代進口食品，成本可以下降，應有機會。

非洲臺商申請國內銀行貸款，亦是促進非洲投資的支撐力量。不過，對非洲臺商而言，他們的產業都在非洲，在臺灣的廠房、土地、房產皆有限，因此採用傳統的抵押形式不見得適合。另外，銀行申請貸款雖然相較非洲國家利率低廉，但是填寫的表格與要求事項，要一個出國三、四十年的臺商填寫是有困難。因此，如何建構一個服務平臺鏈結臺商融資服務，將有助促成更多的投資案。

近二十年來非洲市場經營較為可惜。主因還是臺商一窩蜂往大陸投資，固然有成人成功，但失敗也不在少數。「非洲這一塊，估計近二十年

沒有太多臺資企業進去，導致斷代現象。」楊會長感慨的說。當時他們去非洲的時候，擔心語言不通，但實際上去了就通，先做再說，這種冒險精神比較少了。

　　楊會長對其家庭成員表現，不時流露出關愛和得意之情。夫人在非洲一路相隨，在奈及利亞的吐司麵包製作一戰成名。大女兒精通法文、英文，製造巧克力已漸打出名號。小女兒在瑞士交換學生，就學期間亦名列前茅，校方曾主動爭取留校。小兒子返臺西餐廚藝精進，參與國際競賽屢獲認同和獎項。

　　楊會長已於 2021 年底返回金夏沙，此次疫情，在臺停留時間稍長。未來只要疫情得到控制，楊會長的麵包廠，生產目標將向每日 120-150 萬條產量邁進。屆時可望成為剛果法國麵包產量最大的廠商，祝福楊會長事業再創巔峰。

葉衛綺：具經貿語言長才，臺灣之子非洲通

　　史瓦帝尼（Kingdom of Eswatini）（參見圖1、表1）駐臺經貿處葉衛綺處長，算是在非洲國家駐臺外交官的異數，也是位奇才。一方面，臺灣出身，自幼隨母赴南非與莫三比克（Republic of Mozambique）定居，與在地人民生活、求學，融入當地社會，練就了良好的生存和適應能力；另一方面，葉處長亦具語言天分，熟悉葡語、英文、荷語，也通中文（能說、看，

圖1：史瓦帝尼王國所在地（深色處）

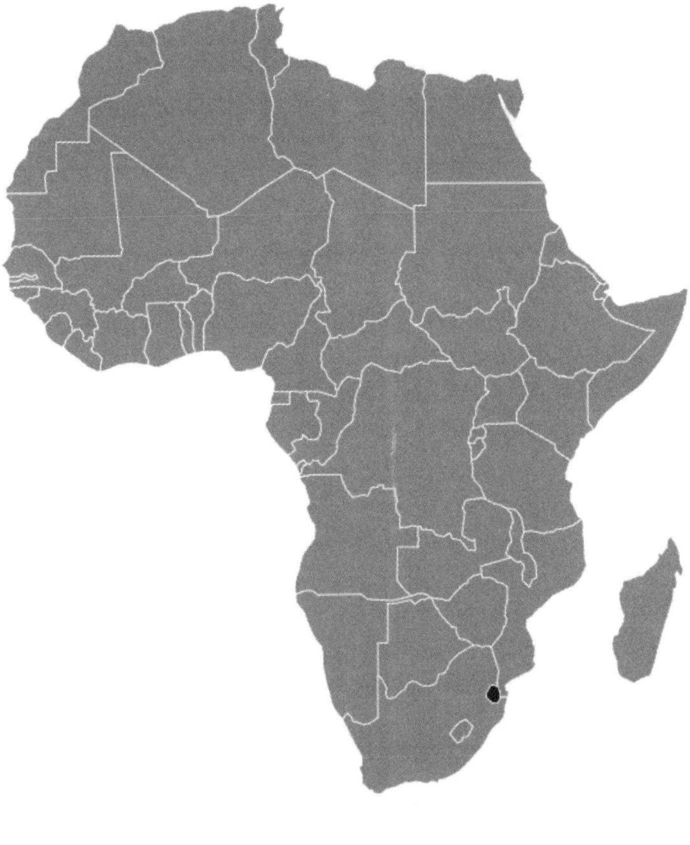

不會寫）和臺語，並曾留學加拿大、荷蘭獲碩士學位。此外，葉處長對於非洲市場解讀和認知，以及重視智庫和研究的功能，皆有獨到和專業的見解，實屬難得。

表 1：史瓦帝尼王國基本資料

史瓦帝尼王國（Kingdom of Eswatini）	
獨立時間	1968 年 9 月 6 日
首都	姆巴巴內市（Mbabane）
地理區位	史瓦帝尼王國（原史瓦濟蘭王國）為位於非洲南部內陸國，北、西、南為南非所包圍，東面與莫三比克相鄰。
官方語言	英語為官方語言，一般社會大眾語言為史瓦濟語（Siswati），兩者皆為官方語言
面積	總面積約 17,364 平方公里（約臺灣面積一半）
體制	絕對君權
元首	恩史瓦帝三世國王（Mswati III）
國會	兩院制，分參議院與眾議院。參議院由 30 名議員組成，眾議院 73 名，國會議員任期每任 5 年。參眾兩院均能提出法案
幣制	史國幣值 Emalangeni 與南非幣 Rand 等值，南非幣僅紙鈔可在史國使用。
GDP	112 億美元（2021）
Per GDP	9.730 美元（2021）
人口／結構	總人口約 116 萬（2020 年世界銀行）
民族	單一族群
宗教	基督教 40%；天主教 20%；伊斯蘭教 10%；其餘為傳統宗教
時差	較臺灣慢 6 小時
主要輸出項目	工業用芳香劑、糖及糖類製品、黏著劑、木材、服飾及酒精。
主要輸入項目	汽油、機器及交通器材、紡織品、穀類、水泥、化學製品、塑膠製品、肥料、食品及飼料

資料來源：外交部全球資訊網、IMF、經濟部國貿局

英文名字叫 Achilles 的葉處長為人相當隨和，對非洲市場現象和解析亦令人折服，也有其獨到見解，包括對非洲歷史、文化的深度了解也十分專業。葉處長即曾表示：

「非洲太大了，我們從早期新南向到非洲計畫，整個臺灣企業和商業，從去東南亞到現在往非洲走，但是臺灣人一直忘記非洲到底有多大，非洲有 54 個國家，從香港飛去開普敦，從開普敦飛去北非摩洛哥也要十幾個小時。54 個國家裡面的文化層次是非常豐富的，臺灣對非洲歷史沒有概念，我在臺灣還沒有遇過有誰可以跟我討論非洲的歷史，例如哪個國家被誰殖民，是誰的殖民地背景，或是殖民地的影響。我們臺灣對非洲的歷史是沒有概念的，只有從那邊的人來貿協辦的工具展，或是一些食品等零散的買賣來認識對方，可是這個關係還不夠，因為非洲真的很大。所以第一我們要專注一個國家，讓這個國家變跳板到其他國家。這個想法我差不多在三年前，邦交國只剩下史瓦帝尼的時候就有這個想法，其實那時候聖多美也是一個跳板，是整個西北非；布吉納法索也是一個西非的跳板。其實這些跳板裡面，臺商去非洲最困難的還是在臺商自己，臺灣不會把市場開拓的資源放在非洲上面。」

投資與研究非洲，應對非洲歷史有深入的了解，且掌握其歷史脈絡，將有助於對當地社會文化的認知和互動。葉處長說：

「我個人的想法是，我們若評估整個非洲的經濟局勢，白人在非洲多久了？最少 250 年；印度人在非洲多久了？甚至比歐洲人還久，整個東岸都是印度人，而印度實際進入非洲的時間還是未知數，但比那些殖民者可能還更早。如果你讀非洲歷史，這個 Scramble of Africa（瓜分非洲），等於說所有非洲板塊圖都是白人定的。所有的這些 International Border（國界），都是在比利時那個時候畫的，一次大戰後他們畫出整個區域性的國界，這也是現在非洲最難發展的原因。因為那時候畫這些領土、邊界，導致現在整個非洲政治上的問題，因為當地人居住其實都有整個區域性，我是什麼人，就住在這一塊，後來的國界劃分把他們的居住地切開了。」

「我們講中國大陸來非洲二十年，另外以前胡志明也去過莫三比克；普丁也去過，他當時還是 KGB（蘇聯國家安全委員會）的軍官，去幫忙訓練莫三比克部隊打游擊戰。」

臺灣對非洲市場開拓存在中小企業認知不足，以及大企業國際觀局限的挑戰。葉處長表示：

「我舉個例子，東元去非洲找當地的經銷商賣它的馬達，賣它的空壓機，這些小型器具在非洲市場是非常龐大，可是他們第一件事是做生意優先，所以有一個概念是投資、做生意、觀光，是人先去做生意有買賣，有買賣之後才會投資當地資源，再來做廣告推廣你的產品，他們就會去找當地的代理商。可是這些代理商最大的問題就是他們不會只代理一個產品、一個品牌。再來就是非洲跟臺灣、代理商跟工廠之間的關係很複雜。第一，非洲真的很遠；第二，有很多東西，臺灣得派人過去，這個方式他們不太想去經營，他們會想說我花了這麼多精神，派一個師傅去非洲只為了幫你安裝一個機器或是做售後服務，那其它市場怎麼辦，他不會長期經營甚至短期都沒有，純粹就是買賣。所以臺灣對非洲這個市場是真的不在乎，我講的是中小企業。」

「臺灣的大企業，可能有九成以上沒有什麼太大的國際觀。如果這些公司真的有國際觀，是不是應該去非洲各地做考察、研發、考量很多東西，這應是一個非常有野心、企圖心的企業做法。我舉例日本的三井、日鋼為例，他們在非洲最少三十年，他們在非洲做什麼事，只有最近幾年有做事，他們寧願在那邊開一家公司，裡面有人員，每天寫工作報告，每天看當地報紙、跟當地官員、商人打交道，知道當地的市場情況是什麼，才會慢慢去投資、去做採購。他們跟臺灣做法最大不一樣的就是，他們沒有生意就去了，這些國外跨國大企業，有工程公司、石油天然氣等上下游公司，所

有這些大企業會先去扎根，有一個定點，從這個定點收集資訊，這些就是我們在講的企業資訊、企業商機，我們俗稱 BI（Business Intelligence，競爭情報），是過去十年在非洲最夯的東西。」

　　非洲商業活動涉及不同語言、區位和交流互動機制，這些市場的交流和互動，臺灣多未參與。葉處長說：

　　「非洲分成東部、南部、西部、北部等四大商業區域。每個地區都有自己的投資與商業區塊，時常會舉辦商業論壇或是商機研討會等活動，藉此吸引投資者，以及加強地區發展對話。」

　　「非洲各地在競爭情報上，是每一個公司都在運作和互相討論的，每四年都會舉辦東、西、南、北非的區域性商業探討會，這個探討會是七到十天，前三天是各領袖在一起開會，講經濟貿易，講完之後是各國經濟部、農業部及關稅部門互相對口。這個做完之後，他們會找每一個行業的領袖開始互相交流包括餐會，餐會結束後是找外商，例如從殖民地到現在的比利時鐵路公司，這個公司在非洲地圖存在之前就存在了。這些國外公司就和官員探討，例如中歐的鐵路系統淘汰掉，這些舊的材料可以賣到西北非、西非跟中非國家，以前法國殖民地國家的鐵路規格是他們蓋的，所以是適用的。他們會把很多相關資源、關係和情資很完整的去結合。」

　　企業戰略扎根和售後服務同樣重要，涉及產業市場競爭力和可持續發展。他以東元電機為例，其強項是電機、馬達，皆是非洲民生與工業所需產品，但布局和服務不到位而喪失商機。葉處長表示：

　　「臺灣是把東西賣到非洲，非洲到底有多少錢、多少資源可以買臺灣東西？其實是有的。我舉個例子，東元電機把產品賣到奈及利亞、南非，它找當地代理商，但它不願把它的東西推出去，它會遇到德國、瑞士公司，

都是同樣的空壓機、馬達，它們的價格都比東元貴。可是為什麼非洲都不會去買東元的東西，因為東元沒有售後服務啊！非洲買一臺抽水機，這個國外公司後面有賣這個抽水機的零件，它也有師傅、有工程師，可是東元去什麼都沒有，壞了就跟我們買一台新的。所以不管東西再便宜、品質再好，其實當地扎根是一個非常重要的大難題。」

臺灣對非洲消費市場的認知，顯有不足之處，刻板印象亦可能產生對市場認知的誤差。葉處長以非洲市場消費力為例：

「其實非洲除了天然資源之外，消費力也非常強。非洲的平均所得的儲蓄率可以到3％，新南向之前，那些東南亞國家的發展是從貧窮線到中產階級，過去十年，貧窮線到中產階級的人口成長幅度跟消費力，已經到一個非常驚人的程度，這也是一些國際組織的指標。多少人原本是貧窮線之下，今年有多少到了中產階級，然後這些人中有多少人拿到的第一筆錢去買冷氣機，或是去租房子，這些是可以算得出來。」

「我們講南非、莫三比克或史瓦帝尼，貧窮線之下到中產階級的成長率跟消費力有多大，這是爆發性的成長。我們講『南向』到『新南向』是過去五年、十年，臺商進去東南亞的時候，東南亞消費開始轉型了，他們開始買電腦、開始付網路費用，開始做一些沒有在做的電信行業、資訊業跟服務業。非洲第一波是爆發性的消費力成長，再來就是非洲的教育程度提升，如果一個國家的人民在過去五十年沒有改善教育，那他今天的勞工、政府單位、關係企業跟外商進來，是難以滿足需求的！」

論及企業引用當地人才與在地化策略的重要性，葉處長亦舉例說明與提出做法。他說：

「在過去的十年，我在莫三比克一個白領階級剛進公司的小弟，他的

薪水可以比臺灣的工讀生還高。他才剛畢業，會講英文，他去南非受過教育，成績是 70％以上，他在莫三比克一個月薪水是 1600 美金。為什麼他們的薪水高？因為人力缺乏，我在當地三十個人裡面選一個人，這個人的能力絕對不會比我在德國、美國找的人好，所以我請五個人做一個人的工作，這就是在地化的概念，扎根。在地化的概念就是說，我們需要這些人員在公司的文化下成長，適應我歐洲、美國公司體系下，幫助我在當地跟在地的官員，或是和很多的文化去做結合，這個是當地商業成功的秘密，這個才是真正的秘訣。」

　　公司企業文化與在地化磨合亦是主要工作。事實上，臺灣企業本身也是有自己的企業文化，但仍需要與當地文化磨合。希望尊重當地的員工，甚至說我把我的毛利率設定比較低，願意把利潤分給員工，遵守法治的精神、ESG 的規範，平常就做這種基礎的工程，這樣在當地可以得到比較高的認同。葉處長亦補充表示：

　　「沒有錯，這是一定的。你在當地投資，你需要當地人，你不可能一個外國人進去就說我要做生意，我要開拓市場，我要自己處理水電費、執照問題及勞工證所有的工作，這不可能。」

　　日本企業布局非洲與人才培養，亦值得吾人借鑑和參考。葉處長舉例說明：

　　「日本是最強的，我之前有提到日本國際合作處（Japan International Cooperation Agency, JICA），它是日本政府的外交部跟經濟部共同平臺，任何日本企業去國外，這個組織已經先到那邊扎根。例如公司來到莫三比克投資，它工作證就做好了給你；小孩子要讀書，它就告訴你每所學校的學費多少，付學費，政府給你補助，這是全套的。所以你看 Mitsui（三井）、

Sumitomo（住友商事）、Sojitz（雙日）他們在一個國家，彼此是競爭對手，但他們的家人安頓在同一個地方，由同一個機構照顧。他們怎麼可能不成功，日本政府是全面的幫助日商在非洲駐點，他們每一個外派人才都是從日本專業學院裡面一個一個挑出來的。」

「我一個巴西長大的日本朋友，他是巴西的特警，在新加坡的總部擔任國際刑警，回去日本曾任外來移民犯罪調查總隊的隊長。他亦任莫三比克大使館的武官加上 JICA 的安全顧問，第一，他有實戰能力；第二，在巴西那個環境長大；第三，在新加坡接受過國際刑警的訓練，又回去日本懂得整治日本外來犯罪的心態，而且國際情報合作夠強。他再去莫三比克當大使館的武官，他要保護所有日商在莫三比克的安全，他會教他們說第一次到非洲，開車去南非玩，什麼地方可以去，什麼地方不能去，有什麼緊急狀況要打電話給誰。如果你是日本人，第一次去非洲、南非或是莫三比克，你會害怕，怕被綁架、被偷、被搶怎麼辦，可是有組織在那邊，你就會覺得自己很安全，當你家人都安全，你怎麼可能不安心的在當地生活。」

「它整個團隊去的時候能得到什麼利益？第一，他所有情資都知道；第二，他每天都寫報告，像是今天辛巴威新開了一個礦區，這個礦區對莫三比克的礦區有什麼影響，對國際市場價格有什麼影響，他們全部都知道。我只講日本一個國家而已，還有美國、歐盟、印度、伊朗、俄羅斯每一個國家對非洲的布局，非常有計畫性的一步一步去突破，一步一步去解決。我在莫三比克的外交圈，首都就有八十家使館。」

反之，過去已有不少臺商單打獨鬥型態固亦有成功案例，但欠缺組織性奧援，成功難度亦增加。葉處長表示：

「很多臺商去非洲打拼都是一個人，那日本過去十年，做這個 JICA

的主要目的是為了讓他們可以把家人帶過去扎根，所以小朋友接過去，爸爸媽媽上班也會安心，小朋友也有保母可以照顧。這個成本當然很高，但世界沒有白吃的午餐，非洲不是一個投機的地方，臺灣人有一個很不好的觀念，我去非洲要去找黃金、找鑽石，這是天方夜譚，你用這種心態去做生意，怎麼做？」

　　論及政府援外做法，亦有值得商榷和評估之處，加上欠缺市場化考量，亦使得外援計畫實質成效面臨局限和挑戰。葉處長舉例說道：

　　「政府外援去史瓦帝尼教導農業，但是到這些國家不能賣東西。當地人可能這輩子都沒見過芭樂，外援單位過去教你種最優質的芭樂，把你變成芭樂專家，可是不能賣芭樂，所以叫當地人賣，可是我這輩子都沒看過芭樂是什麼樣，現在突然擁有全世界最好的芭樂，那我賣給誰？種東西跟賣東西是完全兩個世界，你就算會種也要會賣，但當地人都沒賣過，要怎麼去賣？這個道理很簡單，我教你怎麼釣魚，你還是會餓死，因為你沒有魚的市場，你要怎麼賣出去？2021 年我去史瓦帝尼，外援單位教他們種番薯，整個國家都是番薯，好幾百萬個番薯給你吃，種出來都很漂亮，很肥美。但是超級市場，太大、太小的他們不要，有 60% 就這樣放在那邊，當地人也不知道番薯可以幹嘛，當地有養豬的也不知道豬可以吃番薯，番薯沒有市場，第二年農夫就不敢繼續種番薯了。」

　　因此，外援政策須以功能、在地化和市場導向，並結合民營企業和市場機制才會發揮效果。葉處長也點出外援問題所在。他指出：

　　「第一，農耕隊在當地種農務的業績是什麼？種越大越多我就可以升官，可是他並不是為了當地人民的生活成長、經濟成長為優先考量；第二，莫三比克離史瓦帝尼三百公里，而我在莫三比克可以在南非開在這裡的超

市中買到史瓦帝尼的番薯，價格是史瓦帝尼的六倍，都賣光了，包裝、運輸、選擇到清洗都是南非包下來的，所以番薯種出來，但錢是南非賺走，農夫真正沒有什麼錢可以賺。所以臺灣來要做什麼？來這邊種番薯不要太大，臺灣的技術是可以控制到番薯跟番薯的間距，控制生長大小。」

在殖民經驗與中共「一帶一路」政策運作，葉處長亦有其觀察和評價。他表示：

「白人在非洲二百年，我認為他們不是傻子，他們在非洲都是有賺錢的，而且他們賺的是當地人的錢。而中國人去非洲賺的不是非洲人的錢，他們去非洲賺的還是自己中國人的錢。在非洲的中國人只有兩種，一種是國營企業的人，另一種是中國鄉下來那種賣貨櫃、賣拖鞋的商人。另外他們在非洲的這些挖礦公司，第一沒有技術提煉，第二都是非法的，背後沒有專業知識和公司，水準比較低。當他們做出這些產品的時候，東西是賣給誰？還是賣給歐洲、賣給美國，也沒賺到當地人的錢。目前全世界99%的稀土，在蒙古提煉，因為蒙古是全世界最髒的地方，稀土是需要很多道提煉的，那個提煉的過程會重度污染土地，經過三十年都不會長任何東西。」

「他們在每一個國家都賠錢，中國大陸在非洲你看有哪一個國家賺到錢的？幾乎都是賠錢。我舉例，剛果是比利時的前殖民地，也是全世界天然資源最豐富的國家，什麼都有，石油、黃金、鑽石，又有天然氣，農礦產什麼都有，但它也是戰亂最多、最不穩定的國家。以前比利時殖民剛果的時候，盧安達大屠殺，屠殺的原因就是那時候比利時人民在盧安達把當地人分成兩種人：『奴隸跟主人』，所以那次的事件是奴隸造反，無止盡地屠殺主人，累積了幾百年的仇恨。而比利時在非洲的影響那麼大，也做了那麼多壞事，即使後來比利時政府從剛果撤退了，但他們還是很多大企

業留在這邊，所以你看中非、北非的大企業，每一家都是講法文，這都和當時法國、比利時的殖民有關。中非最大的鐵路公司，也是比利時的啊，它把歐洲的舊鐵路系統拿到中非賣，所以歐洲國家在非洲獲得很多商業利益。」

「他們是有強占一些當地資源沒錯，但我覺得這種經營模式沒辦法持久，這是一種短視，並不是長期的，你怎麼跟當地人拚掠奪？這很困難。中國以前也有幫莫三比克蓋一個機場，它的承包公司第一眼看到那塊地，第一件事是把這些樹砍光光運回大陸去賣，這些都是非常高級的黃酸枝、檀木等木頭，所以賣的錢甚至可以蓋兩個機場。當地當然會因此不高興，所以就造成排華。我認為這不太算是掠奪式經營，比較是『短視』。我舉例來說，我去你家把你家樹砍去賣，但我沒有賺到你家裡面的人任何錢，但他不雇用當地人，至少雇用當地人是為了賺更多財富，這是長久的，可以維持二十年、三十年，有錢再賺。但他們只把樹砍光光，只賺這一筆，但之後樹長不出來啊！非洲因為這樣的事，很多地方排華，像是尚比亞、或是有礦區的國家。因為非洲很多礦區都有中國人進去亂開礦，但是環境很差，因此弄死很多人，這就比較短視的一種經營方法，不是雙贏的模式，當地當然會不高興。」

長期處理，且多方參與非洲事務的葉處長，也對中共「一帶一路」政策與做法也有不同之評價。他表示：

「你覺得非洲人會還中國貸款嗎？不會啊，你覺得我借你錢，你還不出來，我把你房子沒收，他們會認嗎？他幾代都住這個房子，有可能收得了嗎？所以你覺得非洲連白人都不理，連 WHO 都不理，你覺得他們會理這些嗎？你看坦尚尼亞的總理不是死掉，他整天祈禱不戴口罩，死於新冠，最後還不承認，說是死於心臟病。你當一個總統連死因都要隱瞞，你覺得

整個坦尚尼亞的人民會怎麼去想他的國家，那你覺得整個國家對 WHO 有什麼觀點？他們不在乎啊！」

葉處長也期許，臺灣產官學界能做更多整合和專業研究，才能對非洲做更有深度的規畫和市場判斷。他提出建議和方法表示：

「我們講到學術界交流，實際上是各產業交流，這才是重點，我們可以提升各產業互惠的交流，我們以中興大學的非洲研究中心開始，我們可以每一年開很多會議，第一，就像你說的農產學，我們就挑一個東西就好，例如草莓，我先做草莓的市場分析，進出口分析，把所有學者、經濟學家聚起來，做銀行、進出口、市場資料分析，我們草莓當地市場、鄰近市場、出口市場成本價跟運輸都算進去，未來一年兩年都做草莓，我們需要多少時間？多少成本？做一個專業性的討論。第二，我們除了農業、工業以外，學術界還需要政治理論、政治文化、政治歷史、政治經濟各方面領域的交流，我不是政治經濟學家，可是我認識很多厲害的經濟學家，他們現在都在做大數據分析，這個東西對臺灣而言是很簡單的。我們當地跟鄰近的國家，他們的領導的身分背景是什麼？執政黨的主題是什麼？當地的反對黨主題是什麼？都應有深度的了解。」

葉處長的有關非洲市場和政府援外的做法，或許有較強的批判性，但也是「愛之深，責之切」的體現。事實上，當前我國非洲市場開拓確存在「先天不足，後天失調」的狀態，加之國家涉外角色和職能的弱勢，亦使得吾人在非洲市場參與和保障有較大局限。尤其是歐美國家、中國與日本跨國企業集團運作模式，以及長期積累資訊和長線戰略經營的做法，皆值得吾人學習和效法。

重視非洲文化、歷史和市場策略研究，亦是葉處長始終強調的議題。

換言之，長期以來臺商赴非投資恐較偏好表面之商業利益，對在地人文、歷史和結構面之內涵了解不足，此將對其消費偏好、市場脈動、社會交流對話和認知產生誤差。尤其是缺乏長期蹲點和市場調查研究之努力，臺商在非洲市場發揮空間與獲利可能性將受限。

　　非洲百年來殖民歷史的辛酸和掠奪，以及當前新一輪來自大國的戰略企圖心和地緣政治的爭奪，皆凸顯非洲的歷史宿命和新契機。隨著非洲作為全球新興市場與發展亮點，吾人在市場參與過程中應有更周詳的市場規畫與判斷，以及歷史、文化的理解和尊敬，並關照其社會弱勢族群，建構在地共生的理念和實踐，應是臺商在非洲市場發展必要的思路和布局。

非洲市場研究系列 03

非洲台商群英錄
Outstanding Taiwan Entrepreneurs in Africa

作　　者	陳德昇
發 行 人	張書銘
出　　版	**INK** 印刻文學生活雜誌出版股份有限公司
	新北市中和區建一路249號8樓
	電話：02-22281626
	傳真：02-22281598
	e-mail:ink.book@msa.hinet.net
網　　址	舒讀網http://www.inksudu.com.tw
法 律 顧 問	巨鼎博達法律事務所
	施竣中律師
總 代 理	成陽出版股份有限公司
	電話：03-3589000（代表號）
	傳真：03-3556521
郵 政 劃 撥	19785090 印刻文學生活雜誌出版股份有限公司
印　　刷	海王印刷事業股份有限公司
港澳總經銷	泛華發行代理有限公司
地　　址	香港新界將軍澳工業邨駿昌街7號2樓
電　　話	852-2798-2220
傳　　真	852-2796-5471
網　　址	www.gccd.com.hk
出 版 日 期	2022年 7 月　初版
ISBN	978-986-387-596-3
定　價	**340**元

國家圖書館出版品預行編目(CIP)資料

非洲台商群英錄：Outstanding Taiwan Entrepreneurs in
　Africa／陳德昇著.
　--初版. --新北市中和區：INK印刻文學 , 2022.07
　面； 17 x 23公分. --（非洲市場研究系列；03）
　ISBN 978-986-387-596-3 (平裝)

1.CST: 企業家 2.CST: 國外投資 3.CST: 企業經營 4.CST: 訪談 5.CST: 非洲

490.99　　　　　　　　　　　　　　　111010061

舒讀網